JN146065

材料学シリーズ

堂山 昌男　小川 恵一　北田 正弘
監　修

スピントロニクス入門
物理現象からデバイスまで

猪俣 浩一郎　著

内田老鶴圃

本書の全部あるいは一部を断わりなく転載または複写(コピー)することは,著作権および出版権の侵害となる場合がありますのでご注意下さい.

材料学シリーズ刊行にあたって

　科学技術の著しい進歩とその日常生活への浸透が 20 世紀の特徴であり，その基盤を支えたのは材料である．この材料の支えなしには，環境との調和を重視する 21 世紀の社会はありえないと思われる．現代の科学技術はますます先端化し，全体像の把握が難しくなっている．材料分野も同様であるが，さいわいにも成熟しつつある物性物理学，計算科学の普及，材料に関する膨大な経験則，装置・デバイスにおける材料の統合化は材料分野の融合化を可能にしつつある．

　この材料学シリーズでは材料の基礎から応用までを見直し，21 世紀を支える材料研究者・技術者の育成を目的とした．そのため，第一線の研究者に執筆を依頼し，監修者も執筆者との討論に参加し，分かりやすい書とすることを基本方針にしている．本シリーズが材料関係の学部学生，修士課程の大学院生，企業研究者の格好のテキストとして，広く受け入れられることを願う．

監修　　堂山昌男　小川恵一　北田正弘

「スピントロニクス入門」によせて

　新物質の発見，物質の極限を探る研究などで，材料の新しい世界が次々と生まれている．これには，真空技術，原子層作成技術，微細加工技術，評価技術などの発展も多大な寄与をしている．これらを駆使したナノテクノロジによって，これまで制御が難しかった材料構造および現象が自在に制御できるようになった．本書の主題であるスピントロニクスもそのひとつで，電子のもつ電荷とスピンとを巧妙に利用した新技術であり，同様の性質を利用できる材料・デバイス分野へのさらなる発展が期待されている．

　スピントロニクスは，磁気ヘッド・磁気抵抗型ランダムアクセスメモリなどを中心に展開されている若い学問分野であるが，これまでに得られた学術的知見をまとめた本書は，これからのスピントロニクスの発展はもとより，この分野を知ろうとする若い学生諸君，より発展した技術を得たいと願う技術者諸兄にとって，絶好の書である．著者は磁性材料とデバイス技術の研究・開発に長く携わるとともに，教育指導にも当たっているこの道の第一人者であり，広くお薦めする．

北田正弘

まえがき

インターネットの普及とともに，情報化社会が驚異的に進展している．近年，クラウドコンピューティングという言葉が良く聞かれる．これは，従来は手元のコンピュータで管理・利用していたようなソフトウエアやデータなどを，インターネットなどのネットワークを通し必要に応じて利用する方式のことである．これによりすべてのものがインターネットに繋がる，IoT(Internet of Things)時代が到来する．このような時代には，自動車や医療機器，電気・水道・ガスなどのライフライン，交通インフラといった，生きるために欠かせないシステムがインターネット経由で管理・制御される．それに伴い，IoTを通じて集まる膨大なデータを管理・処理することが求められる．

情報化社会は，半導体と磁性体で支えられている．例えば，パソコンの中枢部は，情報を処理する半導体を用いたプロセッサと，情報を蓄える磁性体(磁石)を用いたハードディスクドライブ(HDD)からなる．半導体では電子の電荷(電子が電気を帯びている性質)を利用し，磁性体では電子のスピン(電子が小さな磁石である性質)を利用して情報を蓄えるので，同じ電子の異なる性質を別々に利用していることになる．同じ電子なのになぜ半導体と磁性体に分けて使用しなければならないのか，と疑問に思われるかもしれない．実は，電荷は長期に渡って情報を蓄積することができず，また，スピンを情報処理に利用するためには，電子のもつ2種類のスピン(通常，上向き(↑)スピンと下向き(↓)スピンで表示)を区別して検出・制御する必要があり，最近までその手法を見出せなかったからである．なぜなら，バルク材料では，電子が伝導する間に↑スピン(↓スピン)が↓スピン(↑スピン)に緩和してしまい，↑スピンと↓スピンのチャネルを区別して制御できないからである．しかし，ナノテクノロジーの発達によりそれを制御できるようになった．電子のもつ電荷とスピンを同時に利用することで実現されるエレクトロニクスを，スピントロニクス(あるいはスピンエレクトロニクス)と呼んでいる．

スピントロニクスの誕生の発端は 1988 年に発見された，強磁性金属の Fe と非磁性金属の Cr のそれぞれナノメートルの厚さからなる，超薄膜積層構造（人工格子）における巨大磁気抵抗(giant magnetoresistance, GMR)効果であった．GMR の発見は HDD 用高感度読み出しヘッドの開発をもたらし，HDD の超高密度化への道を大きく拓いた．この功績により，GMR 効果の発見者である P. Grunberg と A. Fert に 2007 年，ノーベル物理学賞が授与された．スピントロニクスは現在，各種磁気センサ，HDD 用読み出しヘッド，不揮発性の磁気抵抗効果型ランダムアクセスメモリ(MRAM)などに実用化されている．これらは金属をベースにしているが，スピントロニクスは今日，半導体系やカーボンナノチューブなどの分子系にまで広がりを見せており，新しい物理現象・材料・デバイスの創製に関する研究が世界的規模で展開されている．スピントロニクスの研究には従来の磁性材料技術に加え，ナノテクノロジーが必須になる．ナノサイズの制御は 1 次元的には人工格子などの薄膜作製技術で，2 次元，3 次元になると超微細加工技術や自己組織化技術が必要になる．スピントロニクスの登場により，磁性体の微細加工技術が大きく革新された．

　教科書は，すでに確立された内容を読者になるべく理解しやすいように説明することに重点がおかれることから，本書は主として，評価が確立している金属系スピントロニクスを中心に，物理現象から材料，デバイスまでを記述している．第 1 章ではスピントロニクスの概要を予め知るため，学問として誕生するまでの経緯を歴史的に概説する．第 2 章では磁性に馴染みのない読者がスピントロニクスを理解しやすいように，磁性の入門として金属磁性を中心に基本的な事象を解説する．第 3 章では第 4 章以降を理解するために必要な，スピントロニクスに関わる基礎的なスピン伝導現象を説明する．第 4 章ではスピントロニクスの基盤である GMR とトンネル磁気抵抗(TMR)について，第 5 章ではスピントロニクスのキー材料であるハーフメタルについて，それぞれ詳しく説明する．第 6 章では，スピントロニクスデバイスを実現するための必須の技術である，磁化反転法について解説する．第 7 章ではスピントロニクスデバイスについて記述する．スピントロニクスにおける物理現象がどのようにデバイスに結び付くかを理解するため，まず，実用化されている HDD と MRAM について，動作原理，開発の現状，並びに今後の動向について解説し，その後，

まえがき

　将来に向けたデバイスとして，スピンフィルタ，スピン共鳴トンネル効果素子および半導体スピントロニクスを取り上げ，それぞれ基本的な事柄と課題を中心に概説する．第8章では，スピントロニクスの新しい展開として期待される，熱とスピン流について概説する．

　筆者は過去いろいろな磁性材料・デバイスの開発に関わり，最近の20年間は高感度GMR材料の開発を皮切りに，金属系スピントロニクスの研究に広く携わってきた．本書はその経験を元に執筆したものである．スピントロニクスは若い学問であるとともに領域のすそ野が広く，いまだ十分に確立されていない．また，必ずしも重要性が共有されていない事象やデバイスが存在するとともに，今後の展開が期待される未開拓の領域も多く存在する．そのような新しい学問の全容を体系的に教科書として記述することは筆者の能力を超えており，また現時点での体系化の意義も疑わしい．本書は，ある程度確立された内容を物理現象，材料，デバイスに渡って整理・体系化し，スピントロニクスの入門書としてまとめたものであり，量子力学と電磁気学を学んだ学部学生が理解できることを念頭に，わかりやすく解説することに努めた．新しい学問では当時の研究状況を知ることも貴重であることを鑑み，所々で筆者の体験を交えて記述している．本書がきっかけとなって若い読者がスピントロニクスに関心をもち，さらにはすでにスピントロニクスの研究に携わっている若手研究者が一旦立ち止まり，今後の展開を考える一助になれば望外の喜びである．

　本書の刊行にあたり，堂山昌男先生，小川恵一先生，北田正弘先生に執筆の機会を与えていただいた．また北田正弘先生には，執筆の過程で適切なコメントを頂いた．内田老鶴圃の内田学氏には，出版の全般に渡って大変お世話になった．本書を書き上げることができたのは，これらの方々のご厚意とご支援によるものであり，ここに深謝致します．

平成29年1月

猪俣　浩一郎

目　　次

材料学シリーズ刊行にあたって
「スピントロニクス入門」によせて

まえがき ……………………………………………………………………… iii

第 1 章　スピントロニクスはいかに誕生したか ……………………… 1

1.1　スピントロニクスとは …………………………………………………… 1
1.2　スピン伝導に関する初期の研究 ………………………………………… 3
1.3　巨大磁気抵抗効果の発見 ………………………………………………… 4
1.4　強磁性トンネル接合 ……………………………………………………… 5
1.5　スピントランスファトルク ……………………………………………… 6
1.6　低電力磁化反転 …………………………………………………………… 7
1.7　ハーフメタル ……………………………………………………………… 7
1.8　スピン蓄積とスピン流 …………………………………………………… 8
1.9　半導体スピントロニクス ………………………………………………… 9

第 2 章　スピントロニクスを理解するための磁性の基礎 …………… 13

2.1　金属の強磁性 ……………………………………………………………… 13
　2.1.1　強磁性とは ……………………… 13　　2.1.2　磁気モーメントの担い手 …… 16
　2.1.3　磁化の温度変化 ………………… 18　　2.1.4　強磁性のバンド理論 ………… 19
　2.1.5　スレーター–ポーリング
　　　　 曲線 ……………………………… 23　　2.1.6　磁気異方性 …………………… 24
　2.1.7　スピン軌道相互作用 …………… 25
2.2　ヒステリシス曲線 ………………………………………………………… 26
　2.2.1　磁区構造 ………………………… 27　　2.2.2　磁化過程 ……………………… 29

2.2.3　超常磁性…………………… 30
2.3　強磁性スピンの動力学 ………………………………………………………… 31
2.3.1　スピンの首ふり運動と
　　　 スピン共鳴………………… 31
2.3.2　ギルバートダンピング
　　　 定数………………………… 33

第3章　スピントロニクスの基礎 ……………………………………………… 35

3.1　金属中の電子伝導 ……………………………………………………………… 35
3.1.1　電気伝導度と平均自由
　　　 行程………………………… 35
3.1.2　異方性磁気抵抗効果……… 36
3.1.3　ホール効果………………… 38
3.1.4　トンネル伝導……………… 40
3.2　スピン伝導の基礎 ……………………………………………………………… 41
3.2.1　スピン拡散長とスピン
　　　 緩和時間…………………… 41
3.2.2　スピン蓄積とスピン流…… 43
3.2.3　アンドレーエフ反射と
　　　 スピン分極率……………… 46
3.2.4　スピントランスファ
　　　 トルク……………………… 48
3.2.5　スピンホール効果と
　　　 逆スピンホール効果……… 49
3.2.6　スピンポンピング………… 50
3.2.7　ラシュバ効果……………… 51

第4章　磁気抵抗効果 ……………………………………………………………… 53

4.1　巨大磁気抵抗(GMR)効果 …………………………………………………… 53
4.1.1　GMR効果の観測 ………… 53
4.1.2　GMR効果のメカニズム … 56
4.1.3　非結合型GMRと
　　　 スピンバルブ……………… 58
4.1.4　スピンバルブGMRの
　　　 高感度化…………………… 60
4.1.5　CPP-GMR ………………… 61
4.1.6　Valet-Fertモデル ………… 63
4.2　トンネル磁気抵抗効果 ………………………………………………………… 65
4.2.1　散漫散乱型トンネル
　　　 接合………………………… 65
4.2.2　コヒーレントトンネル
　　　 接合………………………… 73
4.2.3　スピネルバリアを用
　　　 いたトンネル接合………… 80
4.2.4　垂直磁化トンネル接合…… 84

第5章　ハーフメタル … 89

5.1 いろいろなハーフメタル材料 … 89
- 5.1.1 はじめに … 89
- 5.1.2 希土類混合価数酸化物 … 90
- 5.1.3 マグネタイト … 93
- 5.1.4 CrO_2 … 94
- 5.1.5 2重ペロブスカイト … 95
- 5.1.6 ハーフホイスラー合金 NiMnSb … 97

5.2 フルホイスラー合金ハーフメタル … 98
- 5.2.1 構造と磁気特性 … 98
- 5.2.2 不規則性の同定 … 102
- 5.2.3 電子構造 … 107
- 5.2.4 ダンピング定数 … 109

5.3 Co基フルホイスラー合金を用いたMTJ … 111
- 5.3.1 TMRが観測されるまでの簡単な経緯 … 111
- 5.3.2 Co_2FeAl を用いたMTJ … 112
- 5.3.3 $Co_2FeAl_{0.5}Si_{0.5}$ (CFAS) を用いたMTJ … 114
- 5.3.4 Co_2MnSi を用いたMTJ … 121
- 5.3.5 スピネルバリア … 123
- 5.3.6 垂直磁化トンネル接合 … 127

第6章　いろいろな磁化反転法 … 131

6.1 電流磁場による磁化反転 … 131
6.2 スピントルク(STT)による磁化反転 … 132
- 6.2.1 磁化反転の原理 … 132
- 6.2.2 STT磁化反転に必要な電流密度 … 133
- 6.2.3 MTJ素子のSTTスイッチングの観測 … 135
- 6.2.4 垂直磁化膜のSTTスイッチング電流 … 136
- 6.2.5 電流駆動磁壁移動 … 140

6.3 電場による磁化反転 … 141
- 6.3.1 はじめに … 141
- 6.3.2 電場による磁気異方性の変調 … 141
- 6.3.3 電場による磁化反転 … 144

6.4 スピン軌道相互作用に基づく磁化反転 … 147
- 6.4.1 スピンホール効果による磁化反転 … 147
- 6.4.2 ラシュバ効果による磁化反転 … 150

第 7 章　スピントロニクスデバイス　………………………………………… 153

- 7.1　ハードディスク用読み出しヘッド ………………………… 153
  - 7.1.1　HDD の動向 …………… 153
  - 7.1.2　読み出しヘッドの開発動向と課題 ………………… 154
  - 7.1.3　フルホイスラー合金ハーフメタルを用いた CPP-GMR … 157
- 7.2　磁気抵抗効果型ランダムアクセスメモリ MRAM …………………… 160
  - 7.2.1　MRAM の位置づけと開発動向 …………………… 160
  - 7.2.2　MRAM の原理 ………… 161
  - 7.2.3　STT-MRAM 開発の現状と将来動向 …………… 163
- 7.3　スピンフィルタデバイス ……………………………………… 167
- 7.4　スピン共鳴トンネル効果素子 ………………………………… 169
- 7.5　半導体スピントロニクス ……………………………………… 171
  - 7.5.1　半導体スピントロニクスへの期待 ………………… 171
  - 7.5.2　半導体中のスピン流の生成と検出 ………………… 173
  - 7.5.3　代表的なスピントランジスタ ……………………… 177

第 8 章　スピントロニクスの新展開　…………………………………………… 183

- 8.1　スピンゼーベック効果 ………………………………………… 183
- 8.2　磁性絶縁体を用いたスピンゼーベック効果の観測 ………… 186

参考文献 …………………………………………………………………… 189
索　引 ……………………………………………………………………… 199

第1章

スピントロニクスはいかに誕生したか

　新しい研究分野が誕生する背景には，特に応用を意図しない先人の先駆的な基礎研究があり，それが何かのきっかけで後の研究者の新発見に繋がり，さらに継承されて新現象や新材料が生まれることが多い．このような状況を踏まえ，第1章では，電子の電荷とスピンを同時に利用するスピントロニクスという研究分野が，歴史的にどのような経緯で創られたのか，その概要を述べる．個々の物理現象，材料およびデバイスの詳細は，第3章以降で解説される．

1.1　スピントロニクスとは

　電子は電荷のほかに2種類のスピンをもち，通常，上向き(↑)スピンと下向き(↓)スピンで表示される．半導体では電荷のみを，磁性体ではスピンのみを利用している．電子の電荷とスピンを同時に利用する領域を意味する「スピントロニクス」という言葉は，「スピン」と「エレクトロニクス」を組み合わせた造語である．スピントロニクスが誕生した背景には，JohnsonとSilsbeeによって報告された，強磁性金属から常磁性金属へのスピン偏極電子の注入と蓄積(1985年)[6]，および後に詳しく説明される巨大磁気抵抗(GMR)効果の発見(1988年)[8),9)]が挙げられる．前者は強磁性金属と常磁性金属の間に電流を流したとき，その界面にスピンが蓄積する，すなわち，↑スピン電子と↓スピン電子の化学ポテンシャルの差が蓄積することであり，強磁性金属の↑スピンバンドと↓スピンバンドが同じでないこと(非等価性)の観測に成功したことを意味する．磁場を印加するとスピン蓄積が消失する，いわゆるハンル(Hanle)効果もこのとき観測されている．この研究は金属強磁性体のスピン依存伝導に関して，物性研究者にインパクトを与えたに違いないが，基礎研究であったためか直ちには広がらず，「スピントロニクス」というようなデバイスイメージには繋がらなかったようである．

「スピントロニクス」という言葉が使われるようになったのは GMR 効果の発見以降である．1995 年ごろ，GMR を HDD 用読み出しヘッドや磁気メモリに応用することを目指した，磁気記録に携わっていた日本の研究者によって，「スピニックス」や「磁気エレクトロニクス」あるいは「マグネトエレクトロニクス」という言葉が使われた[36]．一方，同じ頃米国では，「スピンエレクトロニクス」あるいは「スピントロニクス」という言葉が使われ，2000 年には，Symposium on Spin-electronics (Halle, Germany，2000 年 6 月) という国際会議が開催されている．現在，関連する多くの国際会議で「スピントロニクス」が使われている．日本の学会，例えば応用物理学会では「スピントロニクス」，日本磁気学会では「スピンエレクトロニクス」という言葉が正式名称として使われているが，言葉としての響きがよいためか，総じて「スピントロニクス」という言葉が使われることが多い．内容は同じである．

上述のように，「スピントロニクス」は金属強磁性体を含む系の電気伝導に端を発しているが，金属強磁性体の電気伝導に関する研究は 19 世紀中頃から存在し，それはガルバノマグネティック効果 (galvanomagnetic effect) と呼ばれている．これは電流磁気効果であり，異方性磁気抵抗効果やホール効果などがそれに含まれる．これらの電流磁気効果とスピントロニクスでは何が違うのだろうか．電流磁気効果は，電流と磁場を同時に加えたときの，両者の相対角度に依存する電気伝導現象である．第 3 章で説明されるように，異方性磁気抵抗効果は，電流と磁場が平行なときと垂直のときで抵抗が異なる現象である．ホール効果は電流と磁場を互いに垂直方向に印加したとき，ローレンツ力によって両者に対して垂直方向に電圧(ホール電圧)が発生する現象である．強磁性体では磁場がなくてもホール効果が生じ，異常ホール効果と呼ばれる．異方性磁気抵抗効果や異常ホール効果のメカニズムは，いずれもスピン軌道相互作用に基づいており，スピン依存散乱やスピン流といった「スピントロニクス」特有の概念ではない．スピンには緩和時間があり，それを超えると電子の↑(↓)スピンは↓(↑)スピンに緩和してしまう．そのため，↑スピンと↓スピンの違いを観測するためには，スピン緩和時間より短い時間で起こる現象を測定する必要があり，長さで言えばナノメートルの大きさで起こっている現象を観測する必要がある．このような測定が行われるようになったのは，近年のこと

である.

1.2　スピン伝導に関する初期の研究

　スピントロニクスのルーツとも呼ぶべき，電気伝導における電子スピンの重要性は，遷移金属および合金の電気伝導度の実験結果を説明するため，1936年，N.F. Mott によって指摘された[1]．Mott は，強磁性金属の電気伝導度は，非等価性の↑スピン電子と↓スピン電子の寄与の和として表せるという二流体模型を提唱し，非磁性金属に比べ強磁性金属の比抵抗が大きい理由を解明した．金属の電気伝導に寄与する電子はフェルミ面における電子であり，電気伝導度はその状態密度に依存する．通常の非磁性金属ではフェルミ面における状態密度は s 電子からなり，その大きさは↑スピンと↓スピンで同じなので，電気伝導度にスピン依存性は現れない．しかし，金属強磁性体ではフェルミ面が s 電子と d 電子を含み，d 電子は電子相関が強く，スピン分裂しているため，フェルミ面における状態密度は↑スピンバンドと↓スピンバンドで異なっている．そのため，電気伝導度にスピンが影響する．Mott の模型はスピン依存伝導という概念を提起しており，電気伝導特性の制御に対するスピンの重要性を指摘している．

　Mott の提唱以降長い間，金属のスピン依存伝導に関する研究は探索されなかった．1968 年，当時博士課程の学生だったフランスの Fert は，強磁性体の Ni および Fe にいろいろな元素を 1% ドープした希薄合金の比抵抗の温度変化を解析し，電気伝導に及ぼす↑スピン電子と↓スピン電子の違いを明らかにし，Mott の二流体模型にスピンミクシングの効果を取り入れて電気伝導のスピン依存性を実証した[2]．この研究が背景にあって，後に Grunberg らによって発見された Fe/Cr/Fe 三層膜における Cr 層を介した Fe 層間の反強磁性結合の報告(1986 年)[47]を知り，Fe/Cr 人工格子を作製し GMR 効果の発見に至ったと Fert は述べている[37]．一方，同時期にトンネル効果に関する二つの実験が行われた．一つは，1967 年の Esaki らの金属/磁性半導体/金属トンネル接合である．Esaki らは EuSe や EuS のようなカルコゲナイド系磁性半導体をトンネルバリアに用い，バイアス電圧が大きいとき，トンネル電流は磁性

半導体の磁化状態に依存することを発見した[3]．これはスピントロニクスデバイス(第7章で述べるスピンフィルタ)の最初のプロトタイプと見なすことができる．もう一つは1971年のTedrowとMorseveyによる，強磁性体/絶縁体/超伝導体トンネル接合である．かれらは，強磁性体から絶縁体を介して流れるトンネル電流がスピン偏極していることを明らかにした[4]．この研究は，1975年のJulliereによるFe/Ge/Coからなる強磁性トンネル接合(magnetic tunnel junction：MTJ)の実験を促した．MTJは二つの強磁性電極層で薄い絶縁体層を挟んだ構造からなり，両電極層の磁化が互いに平行(P)のときと反平行(AP)ときで抵抗が異なる．両電極の抵抗をそれぞれR_PおよびR_{AP}と書くと，$(R_{AP}-R_P)/R_P$はトンネル磁気抵抗(TMR)比と呼ばれる．Julliereは4.2Kの低温ではあるが，TMR効果をはじめて観測し，トンネルコンダクタンスとスピン分極率の関係を示す，いわゆるJulliereモデルを提示した[5]．その後Maekawaらはトンネル伝導理論を展開し，Julliereモデルを支持する表式を導出した[6]．1985年には，上記したように，JohnsonとSilsbeeによって強磁性金属から常磁性金属へのスピン偏極電子の注入と蓄積が観測されている[7]．

1.3 巨大磁気抵抗効果の発見

1970年ごろに始められた，Esakiらによる分子線エピタキシー(MBE)法を用いた半導体超格子の作製技術は金属系にも適用されるようになり，我が国ではShinjoがそれを先導した[8]．この金属人工格子研究の中から1988年，Fe/Cr人工格子やFe/Cr/Fe三層膜において巨大磁気抵抗(giant magnetoresistance：GMR)効果が発見された[9],[10]．GMR効果のメカニズムは第3章で詳しく説明されるが，図1.1に示すように，人工格子では膜厚方向の原子配列が人工的に制御され，人工周期が平均自由行程よりも十分小さいため，FeとCrの界面を横切る伝導電子の運動量が保存されるとともに，界面での電子散乱の大きさがスピンによって異なる．そのため，二つのFe磁性体の磁化が平行(P)のときと反平行(AP)のときで抵抗が異なり，磁気抵抗効果が出現する．TMR効果の場合と同様に，$(R_{AP}-R_P)/R_P$は磁気抵抗比と呼ばれる．その大きさは，従来知られていたスピン軌道相互作用をメカニズムとする異方性磁気

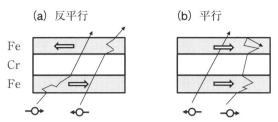

図 1.1 Fe/Cr/Fe における GMR 効果のメカニズムを説明する図．伝導電子の散乱がスピンによって異なるため，二つの Fe 磁性体の磁化が平行のときと反平行のときで抵抗が異なる．

抵抗(AMR)効果よりも桁違いに大きかったので，GMR と呼ばれた．

GMR 効果は新しいスピン依存伝導現象であったので，基礎物理的に大きな関心を呼んだが，それに加え，当時ハードディスクドライブ(HDD)の高密度化が課題になっており，読み出しヘッドへの応用が当初から期待された．そのため，メカニズムの解明や GMR の高感度化およびデバイス開発を巡って，1990 年代，世界的規模で研究開発が展開され，スピン伝導に関する理解が大きく進展した．やがてメカニズムが解明され，新しい GMR 材料やデバイス構造が開発されるに及び，従来の AMR を利用した MR ヘッドに代わって，GMR ヘッドを搭載した HDD が 1997 年，日本で最初に実用化された．GMR ヘッドの開発は，当時，高密度化の進展が懸念されていた HDD の将来に明るい展望をもたらし，磁気記録業界は大いに沸いた．GMR の研究はさらに，膜面に垂直に電流を流すタイプの CPP(current-perpendicular-to-plane)-GMR へと展開され[11),12)]，現在，次世代超高密度 HDD 用読み出しヘッドへの応用を目指し，新材料開発が継続されている．

1.4 強磁性トンネル接合

GMR の発見に触発されて，Julliere や Maekawa らの先駆的研究である MTJ が見直され，TMR 比の向上を求めて作製技術や材料面からの研究が推進され，1995 年，室温での大きな TMR 比が報告された[13),14)]．一方，スピントロニクスデバイスとして，不揮発性で高速・大容量化が期待される磁気抵抗効果型ラ

ンダムアクセスメモリ(magnetoresistive random access memory：MRAM)が1990年代に米国で提案され，そのメモリ素子としてMTJが適していたことから，TMR効果に関する研究が大きく進展した．特に2001年，結晶性のMgOバリアが非常に大きなTMR比をもたらすことが理論的に予測され[15),16)]，その後の実験で検証された[17),18)]．さらに，MgOバリアを用いて抵抗の小さいMTJを作製する技術開発がなされ，GMRヘッドに代わって，より感度の高いMgOバリアを用いたMTJがHDDの読み出しヘッドに搭載され，HDDのさらなる高密度化に貢献した．GMR効果は電子のスピン依存散乱に起因するが，TMR効果の起源は，↑スピン電子と↓スピン電子のトンネルコンダクタンスが異なることに基づいており，両者の差によって生じる電流はスピン偏極電流と呼ばれる．スピン偏極電流はスピン流(spin current)とも呼ばれ，スピントロニクスを特徴づける一つの物理量と見なされている．

1.5　スピントランスファトルク

スピン流はTMR効果の発現のほかに，磁性体の磁気モーメントに対しトルク(スピントランスファトルク：STT)を及ぼすことが理論的に見出され[19)-21)]，後にCPP-GMR素子やMTJにおいて実験的に検証された．STTはさらにナノ磁性体の磁化の歳差運動を誘起し，マイクロ波を発振するとともに，ナノ磁性体の磁化反転や磁壁移動を誘起することが指摘された．特に，STTを利用すれば，電流磁場を用いるよりも小さな電流で磁化反転を実現することができ，しかもその磁化反転電流はデバイスサイズが小さいほど小さくて済むことから，MRAMのスケーリングを可能にし，MRAMの展望を大きく拓いた．すでに，STTを利用して書き込みを行う，64メガビット(Mb)のSTT-MRAMがEverspin Technologies社(米国)によって実用化されている[166)]．現在，半導体メモリのDRAMを代替すべく，ギガビットを超える大容量STT-MRAMの開発が世界的規模で推進されている．

1.6 低電力磁化反転

MTJがナノサイズに微小化すると，磁化を安定化させるエネルギー(磁気異方性エネルギー)よりも熱エネルギーの方が大きくなり，磁性体は磁化を一定に保てなくなる．そのため，大容量MRAM開発が契機となって，MTJの熱揺らぎ対策に関する研究や，小さな電力で磁化を反転させるための新しい磁化反転法に関する研究が推進された．前者では磁気異方性の大きい垂直磁化膜を用いたMTJ(p-MTJ)の研究が展開され，後者では電流磁場に代わって，STTのほかに，電場やスピン軌道相互作用(spin-orbit interaction：SOI)を利用する磁化反転法が提案された．具体的には第5章で述べられる．SOIが制御パラメータの対象として重要視されるようになったのは，今までの磁性の研究では見られず，スピントロニクスの特徴の一つと言える．

1.7 ハーフメタル

MRAMは不揮発性・高速性・大容量性という，DRAM，SRAM，フラッシュメモリなどの半導体メモリや，強誘電体を利用するFeRAMを凌駕するポテンシャルをもっていることから，将来の不揮発性汎用メモリとしての期待が大きい．そのため，MRAMが牽引役となってスピントロニクスの研究が大きく進展した．その一つがハーフメタル材料である．図1.2に示すように，ハーフメタルは強磁性体の片方のスピンバンド(例えば↑スピン)のフェルミ準位(E_F)には状態が存在するが，もう片方のスピンバンド(↓スピン)はエネルギーギャップをもち，E_Fに状態が存在しない．E_Fにおける状態密度を$D(E_F)$と書けば，$[D_\uparrow(E_F) - D_\downarrow(E_F)]/[D_\uparrow(E_F) + D_\downarrow(E_F)]$はスピン分極率($P$)と呼ばれる．ハーフメタルでは$P=1$である．このような材料は大きなスピン流を生成することができ，巨大なTMRやCPP-GMRをもたらすことができる．

ハーフメタルの存在は，1983年，NiMnSb合金に対する理論研究によって予測された[22]．その後，金属や酸化物を含めいろいろな材料がハーフメタルになることが理論的に明らかにされ，各種ハーフメタルを用いたMTJに関す

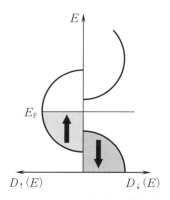

図1.2 ハーフメタルのスピン分解状態密度の模式図.

る実験が進められた.しかし,ハーフメタルに期待されるような大きな TMR 比は,低温では得られたものの室温では観測されず,ハーフメタルは実用材料とは見なされない状況が長年続いた.その中で 2003 年,キュリー点の高い Co 基フルホイスラー合金 ($Co_2Cr_{0.6}Fe_{0.4}Al$=CCFA) を用いた MTJ において,初めて室温で大きな TMR 比が観測された[23].これを契機にハーフメタル研究の中心は Co 基フルホイスラー合金に移行し,TMR 比や CPP-GMR の値が飛躍的に向上した.MTJ についてはバリアに関する研究も推進され,MgO に加えてスピネル ($MgAl_2O_4$) が新たに有望なバリアになり得ることが発見された[24].スピネルバリアはフルホイスラー合金と格子定数が近いことから格子整合がよく,これを用いることで欠陥の少ないエピタキシャル MTJ を容易に作製できるという特徴をもつ.その結果,この組み合わせの MTJ において,$Co_2FeAl_{0.5}Si_{0.5}$(CFAS)フルホイスラー合金の室温でのハーフメタル性が実験的に検証された[24].

1.8 スピン蓄積とスピン流

CPP-GMR 配置では,強磁性金属(F)から非磁性金属(N)に界面を介して電流を流すので非磁性体にスピンが注入され,図 1.3 に示すように,その界面

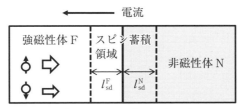

図1.3 スピン注入とスピン蓄積を説明する図.

のスピン拡散長 (l_{sd}) の範囲内にスピンが蓄積する．蓄積したスピンはスピン流となって両サイドに拡散し，スピン拡散長を超えた領域ではスピン流はゼロになる．スピン流は電流と異なり，保存されない．1990年代に入って，スピン蓄積とスピン流に関する理論的および実験的研究が活発化した．その一環として，半導体へのスピン注入が大きく注目を集めた．半導体と金属ではキャリア数が大きく異なり，比抵抗は半導体の方が圧倒的に大きい．この両者の比抵抗(あるいはコンダクタンス)のミスマッチのため，金属磁性体から半導体に直接スピンを注入することが難しい．それを可能にする方法として，界面に絶縁層を設け，抵抗のミスマッチを緩和させる手法が提案された[25),26)].

1.9 半導体スピントロニクス

スピントロニクスは本来，金属と半導体を区別するものではないが，特に半導体を意識する場合には半導体スピントロニクスという言葉が使われる．半導体はキャリアがsp電子のため強磁性を示さない．しかし，半導体に磁性元素がドープされると，キャリアと磁性スピンとのsp-d(遷移金属の場合)あるいはsp-f(希土類金属の場合)相互作用が生まれ，半導体特性を維持したまま強磁性を発現することができる．これらの材料は磁性半導体(magnetic semiconductor)と呼ばれ，大きな磁気光学効果やスピン伝導を誘起することができる．磁性半導体の研究は，1960〜1980年代のEuSeやEuSなどのユーロピウムカルコゲナイドの研究に端を発する．ここで強磁性の発現や伝導電子と磁性原子(Eu)との相互作用に起因する電子物性が調べられ，強磁性半導体の基礎が築かれた[27),28)]．80年代には(Cd, Mn)Teに代表される，Ⅱ-Ⅵ族化合物半導体に

遷移金属を高濃度にドープした材料系の研究が盛んに進められた[29]．しかし，II-VI族半導体はキャリアのドーピングに難があったため強磁性を示さず，そのため電気伝導現象よりも磁気光学効果を中心に研究が進展した．

　80年代の終わりごろになると，III-V族を母体とする半導体材料の研究が始まり，磁性不純物を高濃度にドープした(In, Mn)Asおよび(Ga, Mn)Asにおいて強磁性の発現が報告された[30],[31]．特に，(Ga, Mn)Asは，初期に示された強磁性転移温度(キュリー点)が110 Kと高かったことと，良好な結晶学的整合性から大きく注目され，希薄磁性半導体ベースの強磁性半導体の代表と見なされるようになり，III-V族強磁性半導体の幕開けとなった．以後，結晶成長技術，強磁性発現機構，光や電場によるキャリア変調による強磁性の制御[32],[33]，室温以上のキュリー点を目指す各種磁性半導体の研究など，多方面からの研究が行われている．

　磁性半導体とは別に，半導体にスピンを注入しそれを操作・検出することで，半導体に磁性機能をもたせ新しいエレクトロニクス創製を目指す研究領域がある．具体的デバイスとして，スピン電界効果トランジスタ(spin-FET)[34]やスピン金属-酸化物-半導体FET(spin-MOSFET)[35]などが提案されている．これらは3端子素子であることからスピントランジスタと呼ばれており，実現すると不揮発性のロジック回路が可能になり，ロジックとメモリを一体化した不揮発性アーキテクチャが出現し，コンピュータが大きく革新されることが期待される．開発の成否は，いかに効率よくスピンの注入・操作・検出を実現できるかにかかっている．本書では，研究の現状を第7章で概説する．

　以上のように，スピン伝導に関する研究は1980年代から活発化し，GMRの発見がHDDへの応用につながり1990年代に一つのピークを迎えた．その後はMTJが注目され，2000年代になるとTMR効果に関する研究が大きく進展した．エピタキシャルMTJはHDDに搭載されてさらなる高密度化に貢献するとともに，2013年には64 MbのSTT-MRAMの実用化をもたらした．MRAMは現在，DRAMを代替すべく，ギガビット以上の大容量化に向け，様々な技術開発が推進されている．重要なことは，このようなハードルの高い技術開発の中で，次々と新しい魅力的な基礎研究が生まれていることである．真に，必要は発明の母といった感がある．上述したスピントロニクスの主要な物理現

1.9 半導体スピントロニクス

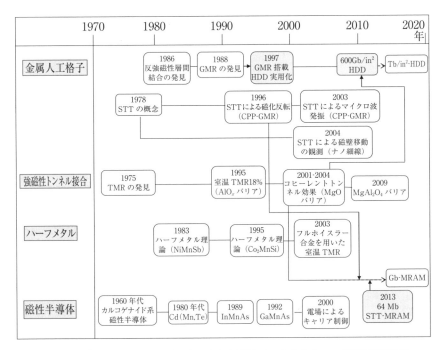

図 1.4 スピントロニクスのための主な材料およびデバイスの研究開発経緯.

象,材料,デバイスに関わる事柄を時系列的にまとめて,図 1.4 に示す.

スピントロニクスに関する成書は,いくつか出版されている.スピントロニクスの基礎に重点をおいたものとしては文献 36) が,本書で学んだ上でさらに深くスピントロニクス全般を学習したい読者には文献 37) がある.

第2章
スピントロニクスを理解するための磁性の基礎

スピントロニクスでは主として磁性体の電子伝導を扱うので,磁性の基礎知識を必要とする.そのため本章では,スピントロニクスに関連する磁性の基本的な事柄を解説する.磁性の基本的性質は,①電子スピン,②交換相互作用,③スピン軌道相互作用で理解される.①は磁性の起源である.②は強磁性が発現する起源であり,原子スピンの配列や強磁性が失われる温度(キュリー点)と関係している.③は磁気異方性の起源である.磁性体では①~③が織りなす,いろいろな興味深い現象が観測される.以下,それらを見ていこう.

2.1 金属の強磁性[38]

本書では強磁性体は主として金属を扱う.強磁性とは磁石に強く吸い着くような強い磁性のことであり,このような強い磁性を示す物質を強磁性体(ferromagnet)という.純金属で室温において強磁性を示す物質は,3d遷移金属である鉄(Fe),コバルト(Co)およびニッケル(Ni)のみである.ほかに低温で強磁性を示す元素としては,ガドリニウム(Gd),ディスプロシウム(Dy)などの希土類金属がある.なぜ,これらの金属だけが強磁性を示すのか,またこれらの元素や合金の磁気の強さはどのような法則に従って変化するのか,またその理由はなぜか.本節ではこれらについて説明する.

2.1.1 強磁性とは

強磁性体に外から磁場(あるいは磁界)Hを加えてゼロから次第に大きくしていくと図2.1に示すように,磁化の大きさ(M)は磁場とともに増大し,ある値で飽和する.この飽和した磁化の値を飽和磁化(M_s),磁化と磁場の関係を表す曲線を磁化曲線という.本書ではMKSA単位系を使用するので,磁化および磁場の単位はそれぞれ,(Wb/m^2)(またはテスラ(T))および(A/m)で

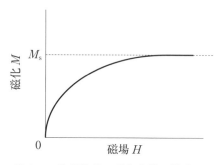

図 2.1 強磁性体の磁化曲線の模式図.

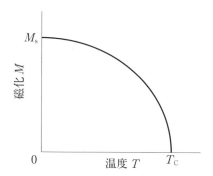

図 2.2 強磁性体の磁化の温度変化の模式図.

ある.磁束密度 $B(\mathrm{Wb/m^2})$ は $B=\mu_0 H+M$ で与えられる.μ_0 は真空の透磁率であり,$\mu_0=4\pi\times 10^{-7}(\mathrm{H/m})$ である.$\mu_0 H$ を磁場と表現する場合もあり,そのときの磁場の単位は $(\mathrm{T})(=(\mathrm{Wb/m^2}))$ である.cgs では磁場の単位は Oe であり,$1\,\mathrm{Oe}=(10^3/4\pi)\,\mathrm{A/m}\sim 80\,\mathrm{A/m}$ である.飽和磁化の値は**図 2.2** に示すように絶対零度で最も大きく,温度を上げると次第に減少しある値でゼロになる.この温度をキュリー点 (T_C) と呼んでいる.

強磁性体が飽和磁化を示すという事実から,どのようなことが推論されるだろうか.今,簡単のために純金属を考える.結晶を構成している固体では,磁気モーメント(単位は Wb·m)の大きさは結晶のどの格子点でも等しい.した

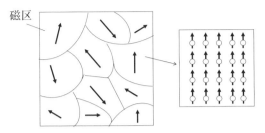

図 2.3 強磁性体中の磁区構造モデル.

がって，同じ大きさの磁気モーメントが結晶の中で規則正しく配列していることになる．すなわち，格子を形成している原子が固有の磁気モーメントをもち，それが結晶の中で規則正しく配列しているものが強磁性体である．この状態は，多くの小さな磁針が規則的に配列した様子に似ている．この場合，磁針は互いに磁気的な相互作用を及ぼし合ってひとりでに平行に並ぶ．そこで強磁性体内部でも原子の磁気モーメントの間で磁気的な相互作用が働き，磁気モーメントはひとりでに平行に並んでいると考えてみる．そうすると，図 2.1 に示したように，外から磁場をかけないとき磁化がゼロであるためには，**図 2.3**に示すように，磁気モーメントの方向が揃っている領域が強磁性体の内部にたくさんあって，しかもそれらの領域の方向がランダムであるため，平均すると全体として磁化はどのような方向から見てもゼロになっていると考えればよい．磁化は単位体積当たりの磁気モーメントの大きさで定義され，その単位は $Wb \cdot m/m^3 = Wb/m^2$ となり，上述と一致する．このように磁気モーメントが平行に並び，磁化が飽和している領域を磁区(magnetic domain)と呼ぶ．この磁区の集団に磁場を加えると，各磁区の磁化の方向が磁場の方向に向き変わることで磁化の強さが増すが，全部の磁区の磁化が磁場の方向を向いてしまうと，それ以上磁化の強さは増さない．したがって，飽和磁化は全体が一つの磁区になった状態の磁化の強さであり，磁場を加えなくてもその磁性体が本来もっている磁化の強さであるという意味で，自発磁化(spontaneous magnetization)と言う．

2.1.2 磁気モーメントの担い手

以上は強磁性体が示す一般的な性質をマクロな立場から概観したのであるが,次に強磁性の特徴をミクロな立場から考えて見よう.はじめに磁気モーメントがどのようにして発生するのかを考える.強磁性体を構成する原子は一般に結晶を形成しているが,結晶の磁気モーメントを考える前に,孤立原子の磁気モーメントについて見てみよう.

原子は言うまでもなく原子核と電子から成り立っている.原子核も磁気モーメントをもっているが,その値は電子のそれに比べ 10^{-3} 程度にしかないので普通は省略し,電子の磁気モーメントだけを考えればよい.電子の磁気モーメントには軌道角運動量によるものと,スピン角運動量によるものとがある.3d 遷移金属元素の電子構造は,アルゴン(Ar)殻の外側に 3d および 4s 電子殻をもっている.Ar 殻は $1s^22s^22p^63s^23p^6$ の 18 個の電子で占められた閉殻を作っており,この閉殻を形成する電子では,軌道角運動量はすべての方向を向いており,また各軌道は上向きと下向きのスピンをもつ電子で占められているので,すべての角運動量は打ち消し合ってゼロになってしまい,磁気モーメントは生じない.3d 電子殻は 10 個の電子を収容できるが,その軌道は部分的にしか電子を収容していない.孤立原子の場合,不完全殻を形成している 3d 電子は,スピンはなるべく平行に配列し,この条件のもとで角運動量を最大にするような軌道配列(フントの法則)を実現しており,この合成スピンと合成軌道が結合して全角運動量を構成している.

孤立原子が集まって結晶を作ると,4s 電子は結晶全体を動きまわる伝導電子となって金属の電気伝導に寄与する.4s 電子のすぐ内側の軌道を占めている 3d 電子は,金属になると 4s 電子の着物を脱いではだかになり,その電子軌道は隣の原子の 3d 軌道と混ざり合い,3d 電子のエネルギー準位は図 2.4 の右図のようにバンドを形成する.したがって,3d 電子の運動の状態は孤立原子の場合と大きく違ってくる.孤立原子の状態では原子核の中心力場に置かれていた 3d 電子は,結晶の中では周りの原子からのポテンシャルを受けるようになり,その影響を小さくするように右向きにまわったり左向きにまわったり,あるいは隣の原子の 3d 軌道に移ったりして複雑な運動をするようにな

2.1 金属の強磁性

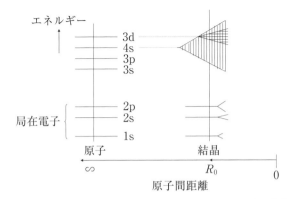

図2.4 原子および結晶中の電子の模式的エネルギー準位.

る．軌道角運動量は，孤立原子のように中心力場を受けて一定方向に規則正しく回転している場合に生じるのであるから，結晶中の3d電子のように複雑な運動をしている場合，角運動量は時間平均をすると非常に小さくなり，軌道運動による磁気モーメントはほとんど効かなくなる．これを結晶場による軌道の消滅(orbital quenching)という．一方，スピンは運動状態とは無関係に電子がいつでももっている角運動量であるから，3d遷移金属が結晶を作っても依然として残っている．このようにして，3d遷移金属の磁気モーメントは，ほとんど3d電子のスピンだけによることになる．強磁性の起源がスピンにあるのはこのためである．

以上，磁気モーメントの起源は電子スピンにあることを説明したが，結晶の中で軌道運動の寄与が多少残っている場合もある．それを考慮して磁気モーメントをμで表すと，$\mu = g\mu_B S/\hbar$で与えられる．ここでSは原子スピンの大きさであり，μ_Bはボーア磁子と呼ばれ，$\mu_B = \mu_0 e\hbar/2m = 1.1653 \times 10^{-29}$(Wb・m)の定数である．ここで$e$は電子の電荷の大きさ，$m$は電子の質量，$\hbar$はプランク定数$/2\pi$，$g$は$g$因子と呼ばれ，磁気モーメントがスピンのみからなる場合には2であり，軌道角運動量の寄与がある場合には2より若干大きくなる．Fe, Co, Ni強磁性体のg因子の値を他の磁気的性質と併せ，**表2.1**に示す．

表 2.1　代表的な強磁性金属の磁気的性質.

物質	自発磁化(0 K)(T)	1原子当たりのボーア磁子数(0 K)(μ_B)	キュリー点(K)	g因子
Fe	2.2	2.221	1043	2.10
Co	1.8	1.716	1400	2.21
Ni	0.64	0.606	631	2.21

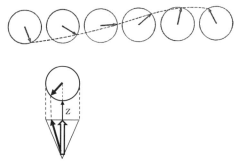

図 2.5　スピン波の模式図.各スピンの首ふり運動の軸を z 軸とする.円は z 軸から見たスピンの運動の x-y 面への投影.

2.1.3　磁化の温度変化

絶対零度では,すべての原子スピンは交換相互作用(exchange interaction)によって完全に平行に並んでいる.温度がわずかに上昇し,ある一つのスピンだけが磁化の方向からずれると,このスピンは有効磁場の周りに首ふり運動をはじめる.ところが隣のスピンは交換相互作用によってこのスピンとなるべく平行に並ぼうとするので,その方向を変えて首ふり運動をはじめる.このようにして,一つのスピンの方向のずれは格子点上に規則正しく並んでいるスピンに次々と伝わっていき,図 2.5 に示すように一種の波を作る.この波をスピン波(spin wave)と言い,スピン波を量子化したものはマグノン(magnon)と呼ばれる.スピン波はその波長と進行方向で特徴づけることができるが,波長の長いスピン波ほど隣どうしのスピンの角度のずれが小さいので,スピン波のエネルギーは低い.したがって温度が低いほど,波長の長いスピン波が生じ

る．温度を上げていくと，いろいろなエネルギーをもつスピン波が次々と発生してくる．しかし，温度が十分低ければ，各スピン波は独立に運動し，お互いにぶつかり合うことはないと考えてよい．このような場合にはスピン波のエネルギー分布を求めることができる．

スピン波が生じるとスピンは平均の磁化状態からずれるので，磁化の値は減少するが，スピン波のエネルギー分布から，磁化が温度とともにどのように減少するかを求めることができる．計算結果によれば，自発磁化は温度を上げると温度の3/2乗に比例して減少する．そのため，低温における磁化の温度変化はブロッホ(Bloch)の式((2.1)式)のように書くことができる．M_0 は絶対零度における磁化の値，α はスピン間の交換相互作用の強さと関係する定数である．キュリー点より十分低い温度領域では，しばしば磁化の温度変化は Bloch の式に従うことが，実験的に検証されている．

$$M = M_0(1 - \alpha T^{3/2}) \tag{2.1}$$

2.1.4 強磁性のバンド理論

前節で，4s 電子および 3d 電子は金属中でエネルギーバンドを形成していることを述べた．その概念図を図 2.6 に示す．両者のバンドは重なっており，

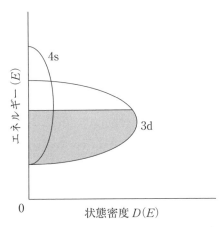

図 2.6　4s および 3d バンドの状態密度曲線の概念図．

4sバンドのエネルギー幅が非常に広いのに比べ,3dバンドはエネルギー幅が狭く状態密度が高いのが特徴である.今,3d電子と4s電子とを合わせて11個の電子をもつ銅(Cu)を考えてみる.この場合,電子のもつ最大のエネルギー,すなわちフェルミエネルギー(E_F)は3dバンドの頂上よりも高いエネルギー準位にあり,3dバンドは1原子当たり5個ずつの上向きおよび下向きスピンで占められ,磁気モーメントはゼロになり,磁化は生じない.

次にCuよりも電子が1個少ないNiを考える.Niは絶対零度では1原子当たり0.6個のスピン磁気モーメントをもっている.今,Niのバンドに下から1原子当たり10個の電子を詰めていくと,ある電子は4sバンドに,またある電子は3dバンドに入り,次第にバンドが埋められていくが,パウリの原理によって上向きおよび下向きスピンが対をなしてそれぞれのバンドに入っていくので,10個の電子を詰め終わった状態は**図2.7**(a)のようになり,上向きおよび下向きバンドはそれぞれ0.3個の空席が残り,4sバンドには0.6個だけ電

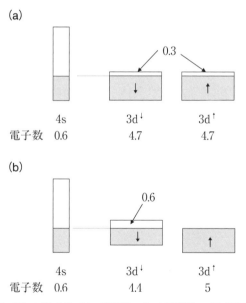

図2.7 Niの模式的バンド構造.(a)常磁性,(b)強磁性.

子が詰まっている．この状態では上向きおよび下向きスピンバンドを占める電子の数が等しいので，3dバンドのスピンは合計するとゼロになり，磁気モーメントをもたなくなってしまう．これは常磁性(paramagnetism)と呼ばれる．ところが，3d電子間には交換相互作用が働き，互いのスピンをできるだけ揃えてエネルギーを下げようとする性質があり，同種のスピンの数を増やそうとする傾向をもつ．その結果，もし交換相互作用によるエネルギーの減少が十分大きければ図2.7(b)に示すように，上向きスピンバンドが一杯になるまで下向きスピンバンドから上向きスピンバンドに電子が移動し，その差0.6個だけ上向きスピン電子が残り，自発磁化を生じることになる．

しかし，このような電子のより高いエネルギー状態への移動は，運動エネルギーの増大を招くので，これが実現するためには，交換相互作用によるエネルギーの低下が運動エネルギーの増大を上回らなければならない．これは，フェルミ面における状態密度が高ければ，運動エネルギーの増加を小さく押さえられるので可能になる．すなわち，強磁性が発現するためにはフェルミ面における3dバンドの状態密度が高くなければならない．実際，Niのバンド構造はそのようになっている．強磁性を示すFe, Coのバンドも同様である．

このようなことを考慮して，図2.6をスピンに依存した状態密度に直すと**図2.8(a)**のように描ける．交換相互作用のため，上向きスピン(↑)バンドが下向きスピン(↓)バンドに比べエネルギーが低下し，E_Fにおける状態密度$D(E_F)$が両者で異なる．通常は3d電子と4s電子の区別を略して図2.8(b)

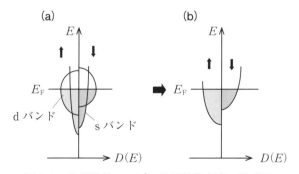

図2.8　強磁性体のスピン分解状態密度の模式図．

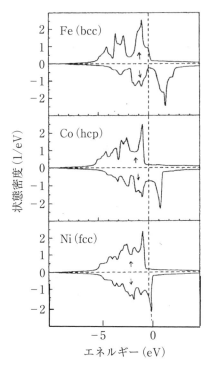

図 2.9 第一原理計算で得られた Fe, Co, Ni のスピン分解状態密度[35].

のように模式的に描かれる．スピン分解状態密度は第一原理計算に基づき求めることができ，Fe, Co, Ni に対して**図 2.9** のように得られている[35]．

図 2.8 に示したように，強磁性体のバンド構造はスピンに依存し，エネルギー E における状態密度はスピンによって異なる．↑スピンおよび↓スピンのエネルギー E における状態密度をそれぞれ，$D_\uparrow(E)$, $D_\downarrow(E)$ で表すと，$P = [D_\uparrow(E) - D_\downarrow(E)]/[D_\uparrow(E) + D_\downarrow(E)]$ は，スピン分極率 (spin polarization) と呼ばれる．P の値は $0 \leq P \leq 1$ である．金属ではいろいろな物理量に寄与するのはフェルミエネルギー E_F をもつ電子なので，通常 P は $E = E_F$ における値が用いられる．Fe, Co, Ni などの強磁性体は $0 < P < 1$ であり，常磁性体は $P = 0$ である．特殊な物質として $P = 1$ を示すものがあり，それは

2.1 金属の強磁性

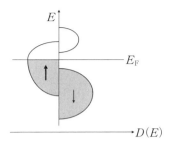

図 2.10　ハーフメタルの状態密度の模式図.

ハーフメタル(half-metal)と呼ばれる．ハーフメタルでは図 2.10 に示すように，E_F に状態があるのは片方のスピン(通常は多数スピン(↑))バンドのみであり，他方(少数スピン(↓))のバンドは半導体のようにエネルギーギャップをもつ．ハーフメタルはスピントロニクスのキー材料であり，第5章で詳しく説明される．

2.1.5　スレーター–ポーリング曲線

図 2.11 は 3d 遷移金属からなる強磁性 2 元合金の，原子の自発磁気モーメントの値をまとめたものである[38]．横軸は合金の1原子当たりの電子数，縦軸は 1 原子当たりの磁気モーメントをボーア磁子数単位で示してある．ピラミッド型をした規則正しい二つの曲線はスレーター–ポーリング曲線(Slater-Pauling curve)と呼ばれる．最大の磁気モーメントは 70%Fe-Co 合金で得られ，その値はほぼ $2.5\,\mu_B$ である．全体を大まかに眺めて見ると，電子数の多い合金の自発磁化は，合金の種類によらず電子数できまってしまうという一般性がある．Fe，Co，Ni の磁気モーメント 2.2，1.7，$0.6\,\mu_B$ という一見不規則な値の配列も，このような合金についての測定値でつないでみると，規則正しい二つの半曲線の上に並んでいることがわかる．一方，Co-Cr 合金などスレーター–ポーリング曲線から枝分かれしているものもある．これは，このような系では異なる元素の磁気モーメントが反平行に結合するという性質に由来するものである．

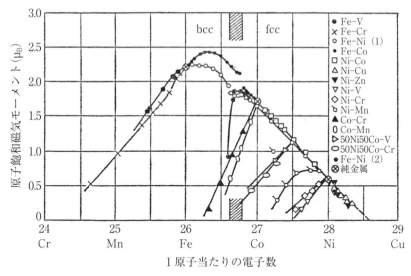

図 2.11　スレーター-ポーリング曲線[38]．

2.1.6　磁気異方性

　金属のもつ物理的性質の中には，弾性や磁性をはじめとしてその性質が結晶の方向によって変わるものが多い．このように，ある性質が結晶の方向によって変わるとき，その性質は異方性をもつという．強磁性体の磁化曲線にも異方性がある．Fe の単結晶の[100]，[110]，[111]の三つの方向について磁化曲線を測定すると，図 2.12 に示すように，磁化のされやすさは結晶の方向でかなり異なる．[100]が最も飽和しやすい方向であり，磁化容易軸(easy axis)と呼ばれる．一方，[111]はなかなか飽和せず，この方向を磁化困難軸(hard axis)という．[110]はその中間である．

　これらの結果は，自発磁化が磁化容易軸を向いているとき最も安定な状態にあり，したがって磁気的エネルギーが最も低く，自発磁化を磁化容易軸から別の結晶方向へ向けるためにはエネルギーを必要とすることを意味している．このように，強磁性体の磁気エネルギーは自発磁化の取る結晶方位で変わる．この現象を磁気異方性(magnetic anisotropy)と呼び，そのエネルギーを磁気異

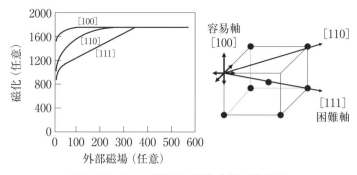

図 2.12　Fe の単結晶の磁化曲線の模式図.

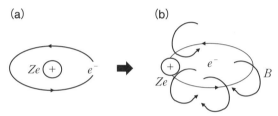

図 2.13　スピン軌道相互作用の説明.（a）原子核の周りの電子の軌道運動，（b）電子から見た原子核の軌道運動.

方性エネルギーという．このような磁気異方性は磁性体が結晶を作っていることから生じるので，結晶磁気異方性とも言う．磁気異方性には結晶磁気異方性のほかに，磁気歪み(magnetostriction)による異方性や強磁性体の形状に伴う静磁エネルギー(magnetostatic energy)などがある．

2.1.7　スピン軌道相互作用

　結晶磁気異方性や磁気歪みによる異方性，さらに後述する異方性磁気抵抗効果などの起源は，スピン軌道相互作用にある．スピン軌道相互作用がどのようにして生じるのか，考えてみよう．図 2.13(a)に示すように，電子が原子核の周りを軌道運動(軌道角運動量 l)するとき，電子から見れば原子核が自分の周りを軌道運動しているように見える(図 2.13(b))．原子核は Ze の正の電荷

をもっているので，この軌道運動により図示のような磁場 $\mathbf{B}=\mu_0\mathbf{H}$ が発生し，これが電子のスピン(s)に作用する．したがって，電子の軌道運動とスピンとは常に結合している．これがスピン軌道相互作用である．スピン軌道相互作用エネルギーは $E_{SO}=\lambda\mathbf{l}\cdot\mathbf{s}$ で表される．λ は電子が受けるポテンシャル勾配に比例する係数である．

もう少し詳しく検討して見てみよう．電荷 Ze をもつ原子核が軌道運動することによって生じる電流 $\mathbf{i}$ が作る磁場 $\mathbf{B}$ は，アンペールの法則のビオサバール形式を用いて(2.2)式で与えられる．$\mathbf{r}$ は座標，$\mathbf{v}$ は軌道運動の速度である．

$$\mathbf{B}=\left(\frac{\mu_0}{4\pi}\right)\frac{\mathbf{i}\times\mathbf{r}}{r^3}=\frac{Ze\mu_0}{4\pi}\left(\frac{\mathbf{v}\times\mathbf{r}}{r^3}\right) \tag{2.2}$$

電場 $\mathbf{E}$ は原子核のクーロン場 V を用いて(2.3)式で与えられ，軌道角運動量 $\mathbf{l}$ は運動量 $\mathbf{p}$ を用いて $\mathbf{l}=\mathbf{r}\times\mathbf{p}$ であるので，(2.2)式は(2.4)式のようになる．

$$\mathbf{E}=\frac{Ze}{4\pi\varepsilon_0}\left(\frac{\mathbf{r}}{r^3}\right)=-\frac{1}{e}\frac{\partial V}{\partial r}\frac{\mathbf{r}}{r} \tag{2.3}$$

$$\mathbf{B}=\mu_0\varepsilon_0(\mathbf{v}\times\mathbf{E})=\frac{1}{c^2}(\mathbf{v}\times\mathbf{E})$$
$$=-\frac{1}{ec^2r}(\mathbf{v}\times\mathbf{r})\frac{\partial V}{\partial r}=\frac{1}{emc^2}\frac{1}{r}\frac{\partial V}{\partial r}\mathbf{l} \tag{2.4}$$

この磁場とスピン磁気モーメント $\mu_s=-2\mu_B\mathbf{s}/\hbar$ との相互作用エネルギー E_{SO} は，(2.5)式で与えられる．ここでスピンに対する $\mu_B=e\hbar/2m\,(\mathrm{A}\cdot\mathrm{m}^2)$，および相対論的補正 1/2 を用いた．

$$E_{so}=-\mu_s\cdot\mathbf{B}=2\mu_B\mathbf{s}/\hbar\cdot\mathbf{B}=\frac{1}{2m^2c^2}\frac{1}{r}\frac{\partial V}{\partial r}\mathbf{l}\cdot\mathbf{s} \tag{2.5}$$

これがスピン軌道相互作用である．

2.2 ヒステリシス曲線

一般に強磁性体の内部には磁区という領域があり，磁場がゼロのときには各磁区のスピンの向きがランダムのため，磁化はゼロであることを前節で述べた．この状態に磁場を加えて磁化を飽和させたのちゼロに戻すと，一般に磁化

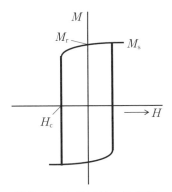

図 2.14　ヒステリシス曲線.

はもとのゼロに戻らず，ある有限の値の磁化をもつ．これを残留磁化 (M_r) と言う．この残留磁化をゼロにするためには磁場をさらに逆方向に H_c だけ加えなければならない．この磁場 H_c を保磁力 (coercive force) と言う．さらに磁場を増すと逆方向に飽和し，ここから再び磁場を減らしゼロから正の方向に増すと，はじめの磁化曲線と別の道を通って飽和に達する．磁場を 1 サイクルさせたときに磁化曲線の描くループをヒステリシス曲線 (hysteresis loop)（図 2.14）と言う．

2.2.1 磁区構造

　磁化のヒステリシスを理解するためには，まず磁区構造について知る必要がある．図 2.3 に示したように，強磁性体には磁区が存在する．一つの磁区内でスピンが揃うのは交換相互作用によるものである．磁区の境目を磁壁 (domain wall) という．磁壁は決して 1 枚の原子面ではなく，スピンの方向は一つの磁区から次の磁区へ徐々にその方向を変えながら 180° 回転している．その様子を図 2.15 に示す．二つのスピン S の間には交換相互作用 $-JS^2\cos(\theta)$ が働いている．ここで θ は二つの隣り合ったスピンのなす角度，J は交換相互作用の大きさである．θ が大きいと，このエネルギーの増大が大きいので，スピンは少しずつその方向を変えようとする．そうすると θ は小さいので $\cos\theta = 1 - \theta^2/2$ と書け，角度に関係する部分のみを取り出すと，$-\theta^2/2$ で置き換える

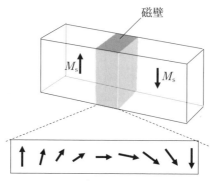

図 2.15 ブロッホの磁壁構造.

ことができ，交換エネルギーは $JS^2\theta^2$ となる．磁壁の中に N 個の原子層が含まれているとすると，スピンは一様に回転していると仮定し $\theta = \pi/N$ となり，二つのスピン間の交換エネルギーは $JS^2(\pi/N)^2$ となる．いま，格子定数を a と書くと単位面積当たりの原子数は $1/a^2$ であり，N 原子層に渡って磁壁は広がっているので，磁壁の単位面積当たりの交換エネルギーは，$E_{\text{ex}} = JS^2(\pi/N)^2 \times N/a^2 = JS^2\pi^2/Na^2$ となり，E_{ex} は N が大きくなるほど小さくなる．$A = JS^2/a$ は交換スティフネス定数 (exchange stiffness coefficient) と呼ばれる．

一方，N が大きいと，磁壁内のスピンはかなり磁化容易軸からずれるため，磁気異方性エネルギーが増大する．磁壁内のスピンは磁化容易軸といろいろな角度をなしており，異方性エネルギーもその方向によって少しずつ変化しているが，大雑把に考えて単位体積当たり K だけ異方性エネルギーが増加しているとする．磁壁の中には単位体積当たり N/a^2 個の原子があるので磁壁の体積は $(N/a^2) \times a^3 = Na$ となる．したがって，磁壁の単位面積当たりの異方性エネルギーは $E_{\text{a}} = KNa$ となる．磁壁の全エネルギーは，$E_{\text{w}} = E_{\text{ex}} + E_{\text{a}}$ で与えられ，それを最小にするように N が決まる．そのようにして $N = (JS^2\pi^2/Ka^3)^{1/2}$ が得られる．したがって，磁壁の厚さ δ および磁壁のエネルギーは次式のように，交換相互作用と磁気異方性の大きさで決定される．

$$\delta = Na = (JS^2\pi^2/Ka)^{1/2} \tag{2.6}$$

$$E_w = 2(JS^2\pi^2K/a)^{1/2} \tag{2.7}$$

JS^2 はほぼ k_BT_C (T_C はキュリー点) に等しく，Fe の K, a, T_C を用いて N と δ を見積もってみると，$N\sim300$, $\delta\sim100\,\text{nm}$ となる．E_w の値は Fe の場合約 $10^{-4}(\text{J/m}^3)$ となり，静磁エネルギーや異方性エネルギーに比べてはるかに小さい．すなわち，磁場を加えると磁壁は容易に動きやすい．強磁性体がヒステリシスを描く原因は，内部に結晶粒界，空孔，析出物，合金の濃度の不均一性，転位による内部応力など，様々な結晶の不完全性を含むことにあり，そのため磁壁のエネルギーが位置によって異なり，その結果，磁壁の運動が非可逆的になる．大きな磁気異方性エネルギーをもち，磁壁が動きにくい強磁性体が永久磁石である．

2.2.2 磁化過程

前節で強磁性体には一般に磁区と磁壁が存在することを述べたが，強磁性体が磁化されるとき，磁化の増し方には二つの方法がある．一つは磁壁移動，他の一つは磁化回転である．図 2.16(a) のような磁区構造の場合，左側の磁区の磁化方向と平行に磁場を加えたとすると，磁壁内のスピンは磁場のエネルギーを下げようとして，少しずつ次々に磁場の方向に回転する．その結果，磁壁は小さな矢印で示したように右へ移動し，磁壁の通過した部分の磁化の方向が磁場方向に反転し，磁化が増す．この磁化の増し方は，ただ磁壁が動いただけで両側の磁化は依然として磁化容易軸方向を向いているので，弱い磁場でも起こる．この磁化の増し方を磁壁移動と呼んでいる．一方，磁場を磁化の方向と直角に右向きにかけると，磁化は図 2.16(b) のように磁化容易軸から磁場

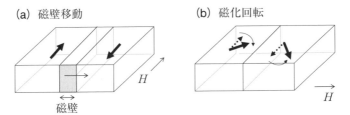

図 2.16　磁化過程．(a) 磁壁移動，(b) 磁化回転．

の方向に回転する．磁場を強くすると回転角は大きくなり，次第に磁化は磁場方向に向いていくので磁化が増す．この磁化の増し方を磁化回転と呼んでいる．磁化回転は磁気異方性に逆らって回転しなければならないので，磁壁移動に比べ起こりにくく，通常，高い磁場で見られる．

次に，保磁力 (H_c) を考えよう．保磁力の大きい物質は外部磁場によって磁化が変化しにくいので磁気的に硬い，ハードな磁性体という．逆に保磁力の小さい物質は磁化しやすく，磁気的に軟らかい，ソフトな磁性体という．保磁力は磁化の半分を逆転させるのに必要な磁場であるから，磁壁の運動に対する最大の障害物を乗り越えるのに必要な磁場が，その目安を与えると考えられる．したがって，H_c は次式で与えられる．

$$H_c = (dE_w/dx)_{max}/2M_s \tag{2.8}$$

一方，回転磁化によって保磁力が決まる場合には，一軸磁気異方性をもつ強磁性体の場合，その異方性の方向に沿って磁化と逆向きに外部磁場を印加したとき，単位体積当たりの一軸性磁気異方性定数を $K_u(\mathrm{J/m^3})$ とすれば，H_c は次式で与えられる．

$$H_c = 2K_u/M_s \tag{2.9}$$

エネルギーの単位(J)は(Wb)・(A)と書くことができ，(2.9)式から得られる H_c の単位は(A/m)になる．

2.2.3 超常磁性

単一磁区粒子は全体が一つの磁石になっているので高い保磁力をもつが，磁化の方向を一定の結晶方向に保っている磁気異方性エネルギーは $K \cdot v$ であり，体積 v に比例するので，粒子がある程度以下に小さくなると，熱振動のエネルギー $k_B T$ よりも異方性エネルギーの方が小さくなり，粒子の磁化は各スピンの平行を保ったまま，その方向が絶えず変わっていることになる．このようなふるまいを超常磁性(super paramagnetism)と言う．超常磁性では磁化曲線はヒステリシスを示さず，磁化を飽和させるのに非常に大きな磁場を必要とする．磁性体のサイズが非常に小さくなると，超常磁性の出現により磁化を安定に保持できなくなり，一般に磁気応用に利用し難くなる．これは超常磁性問題と呼ばれ，磁性体の本質的な課題である．実際，超高密度 HDD や大容量

MRAMの開発では,現在その課題に直面している.

2.3 強磁性スピンの動力学

2.3.1 スピンの首ふり運動とスピン共鳴

強磁性体に外部磁場を印加すると,磁化の向きは回転して磁場に平行になるが,瞬時にはそうならず,図2.17に示すように,磁化は磁場に対して垂直な面内で歳差運動(首ふり運動)をする.これはちょうどコマの運動と似ている.この歳差運動によるエネルギーは結晶に伝えられて熱となったり,隣のスピンに伝えられたりして失われ,制動を受ける.その結果,(a)に示すように,磁化はらせん運動をしながら次第にその方向を磁場方向に近づけていき,磁化回転が起こる.このとき制動力が強ければ磁化は首をふらずに,(b)のように磁場方向に回転する.この場合,制動が強いので磁化はゆっくり運動し,磁化回転に時間がかかる.逆に,制動が弱ければ(c)のように何回も磁化は歳差運動を続けてなかなか磁場の方向を向かない.したがって,制動が適当なときに磁化は一番早く磁場の方向を向く.実際の強磁性体では後に述べるように,磁化が磁場方向に回転する時間はナノ秒以下である.

このようなスピンの歳差運動と制動は,ランダウ–リフシッツ–ギルバート(LLG)の運動方程式

$$d\mathbf{M}/dt = -[\gamma/(1+\alpha^2)](\mathbf{M} \times \mathbf{H}_{\text{eff}}) \\ -[\gamma\alpha/(1+\alpha^2)M_\text{s}]\mathbf{M} \times (\mathbf{M} \times \mathbf{H}_{\text{eff}}) \quad (2.10)$$

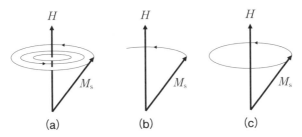

図2.17 (a)スピンが首ふり運動しながら飽和磁化(M_s)が磁場の方向に向いていく様子,(b)制動が強いとき,(c)制動が弱いとき.

ですべて表現されている．ここでγはジャイロ磁気定数と呼ばれ$\gamma\hbar = g\mu_B$の関係にあり，$\gamma = (1.105 \times 10^5)g$ (m/A·s)である．gはg因子，αはギルバートのダンピング定数と呼ばれ無次元であり，$\mathbf{M}$は磁化，M_sは飽和磁化，$\mathbf{H}_{\text{eff}}$は有効磁場である．$\mathbf{H}_{\text{eff}}$には外部磁場のほか，いろいろな磁気異方性に基づく有効磁場が含まれている．第1項は首ふり運動を，第2項は制動運動を表している．一般にαは1より十分小さいので，(2.10)式は(2.11)式のように書ける．

$$d\mathbf{M}/dt = -\gamma(\mathbf{M} \times \mathbf{H}_{\text{eff}}) + (\alpha/M_s)\mathbf{M} \times d\mathbf{M}/dt \quad (2.11)$$

(2.11)式は磁性体の磁化反転挙動のシミュレーションにしばしば用いられる．

スピンの回転運動の速さを定性的に調べてみよう．今，(2.11)式の第2項のαを小さいとして無視すると，

$$d\mathbf{M}/dt = -\gamma(\mathbf{M} \times \mathbf{H}_{\text{eff}}) \quad (2.12)$$

と書ける．これは磁化が有効磁場の周りに一定の角度(θ)を保ったまま，角周波数ωで回転していることを示している．今，有効磁場H_{eff}の方向をz軸方向とし，(2.12)式を各成分にわけて考えると

$$M_x = m\cos(\omega t)$$
$$M_y = m\sin(\omega t)$$
$$\omega = \gamma H_{\text{eff}} \quad (2.13)$$

が得られる．ただし，mは$\mathbf{M}$の x-y 平面への投影成分である．この式で注目すべきことは，このような歳差運動の角速度ωが傾角(θ)に無関係なことである．したがって，ωと等しい周波数をもつ交番磁場を外部から加えると，共鳴を起こさせることができる．これは電子スピン共鳴(electron spin resonance：ESR)と呼ばれ，強磁性体に対する場合には強磁性共鳴(ferromagnetic resonance：FMR)と呼ばれる．

試料が強磁性薄膜の場合には反磁場を考える必要があり，共鳴周波数は(2.13)式のH_{eff}を(2.14)式に置き換えればよい．ここで，H_aは面内異方性磁場，K_uは膜面直方向の磁気異方性である．

$$H_{\text{eff}} = \sqrt{(H + H_a)(H + H_a + 4\pi M_{\text{eff}})}$$
$$4\pi M_{\text{eff}} = 4\pi M_s - 2K_u/M_s \quad (2.14)$$

強磁性共鳴周波数は GHz のオーダであり，スピンの回転運動がナノ秒程度と高速であることを示している．

2.3.2 ギルバートダンピング定数

ギルバートダンピング定数 α は，第6章で述べられるスピントルク磁化反転に必要な電流の大きさと関係し，スピントロニクスにおける重要なパラメータの一つである．α は FMR の測定などにより，実験的に求めることができる．FMR は，外部磁場 $\mathbf{H}$ に対して垂直方向に高周波磁界 $\mathbf{h}e^{-i\omega t}$ を試料に加え，$\mathbf{H}$ の大きさを変えて磁化の動的挙動を測定する方法である．$\omega = 2\pi f$ は角周波数であり，通常 X バンド ($f = 9.4\,\mathrm{GHz}$ 帯) の電子スピン共鳴装置が用いられる．外部磁場の大きさが (2.14) 式を満足するとき，歳差運動の周波数と加えた周波数とが等しくなって共鳴状態となり，減衰項は振動磁界のトルク項と打ち消し合い，磁化の定常的な歳差運動が励起される．その結果，図 2.18 に模式的に示すようなマイクロ波吸収スペクトルが得られ，共鳴磁場 (H_{res}) およびスペクトルのピーク間磁場 (ΔH_{pp}) (半値幅に相当) の測定から α を決定できる[39]．実験で得られる ΔH_{pp} には純粋な磁化の減衰のほかに，磁気的不均一性などに基づく外的要因によるものが含まれておりそれを ΔH_0 と書くと，ΔH_{pp} は (2.15) 式で与えられる．

$$\Delta H_{\mathrm{PP}} = \frac{2}{\sqrt{3}} \frac{\alpha}{\gamma} 2\pi f + \Delta H_0 \tag{2.15}$$

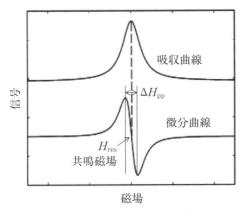

図 2.18　強磁性共鳴の模式的スペクトル．

第3章

スピントロニクスの基礎

　本章ではまず金属中の電子伝導の基礎について説明し，スピン軌道相互作用に起因する異方性磁気抵抗効果や異常ホール効果，さらにはトンネル伝導について解説する．その後，第4章以降を理解するために必要な，スピントロニクスに関わる基礎的なスピン伝導現象を説明する．

3.1　金属中の電子伝導

3.1.1　電気伝導度と平均自由行程

　金属に端子を設けて電圧を印加すると金属内に電場 E が発生し，電子はその電場によって加速される．しかし，その速度はいつまでも増大し続けることはなく，やがて電流が一定値に落ち着く定常状態になる．これは速度に比例する抵抗が働くと考えることで理解できる．すなわち，電子の質量を m，電荷を e，速度を v とすると，電子1個に対する Newton 方程式は次式で表される．

$$m\frac{dv}{dt} + \eta v = eE \tag{3.1}$$

定常状態では $dv/dt=0$ であるから，このときの電子の速度は一定であり，これを v_D と書くと，$v_D = eE/\eta$ となる．電流密度 J は単位面積を単位時間当たりに通過する電荷量であるから，単位体積中の電子数を n とすると，$J = nev_D$ となる．したがって，$J = (ne^2/\eta)E$ が得られる．電気伝導度 σ は J/E であるから，$\sigma = ne^2/\eta$ となる．

　次に，η の意味を考えてみよう．電圧が一定の状態からゼロになると，電子の速度は(3.1)式で $E=0$ として $v = \exp(-\eta t/m)$ となり，時間とともに減少する．ここで $v = \exp(-t/\tau)$ と定義し，速度を特徴づける時間として緩和時間 τ を導入すると $\eta = m/\tau$ となり，電子の速度の緩和を特徴づけている因子が抵抗を決めていることがわかる．このようにして，電気伝導度 σ はド

ルーデ(Drude)の式((3.2)式)で表される．

$$\sigma = ne^2\tau/m \tag{3.2}$$

これまでの議論は1個の電子に着目した．実際には金属内には多数の電子が存在し，それらが熱運動をしている．また，伝導する電子はフェルミ準位(E_F)近傍の電子であり，v_D は多くの伝導電子の平均速度であるので，$E=0$ のときには多くの電子が障害物によって散乱され，平均して $v_D=0$ となっていると考えるべきである．$v_D=0$ に要する時間はおおよそ τ であるから，一度散乱を受けて次に散乱されるまでの電子は，平均して $l=v_D\tau$ の距離を進むことになる．この距離 l は平均自由行程(mean free path)と呼ばれ，平均自由行程だけ電子が移動するのに要する時間が τ である．電子の運動速度はフェルミ速度 v_F であるので，$v_D \sim v_F$ として緩和時間 τ は $\tau \sim l/v_F$ で与えられる．金属中の平均自由行程の大きさは数 nm～数十 nm であり，金属のフェルミ速度は $v_F \sim 10^6$ m/s であるから，τ は $10^{-14} \sim 10^{-15}$ 秒程度になる．v_F に対応するフェルミ波長 λ_F は $\lambda_F \ll l$ の関係にある．系の大きさ L が平均自由行程 l より小さくなれば，電子は散乱を受けずにその距離を移動できる．この場合，電子の運動量が保存される．このような機構による伝導は弾道(ballistic)伝導と呼ばれ，電子の運動量が保存されない伝導は拡散(diffusive)伝導と呼ばれる．

以上は古典論であるが，量子論を用いて緩和時間を求めれば，それを Drude の式((3.2)式)に適用し，電気伝導度を半古典論的に求めることができる．緩和時間は量子論的には次式で与えられる．

$$\tau^{-1} = \sum_{k'} W_{kk'}(1-\cos\theta_{kk'})$$
$$W_{kk'} = (2\pi/\hbar)|\langle k|V|k'\rangle|^2 \delta(\varepsilon_k - \varepsilon_{k'}) \tag{3.3}$$

$\theta_{kk'}$ は運動量 **k** がポテンシャル V によって散乱され，**k**′ に変化したときの散乱角，$W_{kk'}$ は散乱確率，$\delta(\varepsilon_k - \varepsilon_{k'})$ はエネルギー保存を表す δ 関数である．

3.1.2 異方性磁気抵抗効果

磁性体では，伝導を担う電子と磁性を担うスピンが相互作用する．スピンは外部磁場によって影響を受けるため，結果的に電子伝導が磁場の影響を受ける．また，スピン軌道相互作用を介してスピンと電子の運動が結合しているた

め,磁化の変化が電子状態の変化を通して電気伝導に影響を及ぼす.これらの効果が,磁場によって抵抗が変化する現象,いわゆる磁気抵抗効果をもたらす.磁気抵抗効果には,正常(normal)磁気抵抗効果と異方性(anisotropic)磁気抵抗効果(AMR)がある.前者は常磁性体において,後者は強磁性体において現れる.正常磁気抵抗効果は,磁場が電子に対してローレンツ力を及ぼすことから生じる.

外部電場 $\mathbf{E}$ と外部磁場 $\mathbf{B}(=\mu_0\mathbf{H})$ の下での電子の運動は,次式で与えられる.

$$m\frac{d^2\mathbf{r}}{dt^2} + \gamma\mathbf{v} = e(\mathbf{E} + \mathbf{v}\times\mathbf{B}) \tag{3.4}$$

ここで,m は電子の質量,e は電子の電荷であり,右辺括弧の第2項がローレンツ力である.電気伝導は定常状態の現象であるから,左辺第1項をゼロとすることができる.さらに,$\gamma = m/\tau$ として緩和時間 τ を導入し,電気伝導度に対す Drude の式 $\sigma_0 = ne^2\tau/m$ および電流密度 $\mathbf{J} = ne\mathbf{v}$ を用いると(3.4)式は

$$\mathbf{E} = \frac{1}{\sigma_0}\mathbf{J} + \frac{1}{ne}(\mathbf{B}\times\mathbf{J}) \tag{3.5}$$

と変形される.この式から,$\mathbf{E}=(1/\sigma)\mathbf{J}=\rho\mathbf{J}$ として電気伝導度 σ あるいは比抵抗 ρ が求まる.一般的には $\rho = \mathbf{J}\cdot\mathbf{E}/J^2$ として ρ を求めることができるが,この式に(3.5)式を代入すると $\sigma = \sigma_0$ が得られ,磁場の効果は電気伝導度に現れないことがわかる.この結果の意味は,電場と磁場が互いに直交する方向に印加されている場合,電子は電場の方向には運動せず,図3.1に示すように,ローレンツ力により $\mathbf{E}\times\mathbf{B}$ の方向にドリフト運動するのみである.この現象は正常ホール効果として知られている.図3.1は電子散乱がない場合に対応するが,電子散乱が存在する場合にも抵抗には磁場が影響しない.

異方性磁気抵抗効果は,電流方向と強磁性体の磁化方向の相対角度によって電気抵抗が変化する現象である.強磁性体の磁化方向と電流方向とのなす角度を θ とすると,比抵抗 $\rho(\theta)$ は次式のように書ける.

$$\rho(\theta) = a + b\cos^2(\theta) \tag{3.6}$$

磁場と電流が平行および垂直のときの比抵抗をそれぞれ $\rho_{\parallel}$,$\rho_{\perp}$ と書くと,(3.6)式は(3.7)式のようになる.

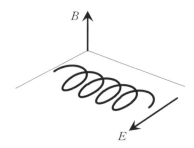

図 3.1 外部電場(E)と磁場(B)の下での電子のドリフト運動.

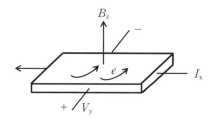

図 3.2 ホール電圧 V_y の説明図.

$$\rho(\theta) = \rho_\perp + \Delta\rho \cos^2(\theta) = \rho_\perp \sin^2(\theta) + \rho_\parallel \cos^2(\theta) \qquad (3.7)$$

強磁性体の電気抵抗は,電流と磁化が平行のときの方が垂直の場合に比べ大きく,$\Delta\rho = \rho_\parallel - \rho_\perp > 0$ である.磁気抵抗比は,$(\rho_\parallel - \rho_\perp)/\rho_\perp = \Delta\rho/\rho_\perp$ で与えられる.強磁性体の AMR の大きさは NiFe 合金で約 3%,最大でも NiCo 合金の約 6% である.

3.1.3 ホール効果

ホール効果には,正常ホール効果(normal Hall effect:NHE)と異常ホール効果(anomalous Hall effect:AHE)がある.正常ホール効果は前述のように,電場と磁場が互いに垂直に印加されたとき,ローレンツ力によりそれらの外積で決まる方向に電子がドリフト運動する効果である.これは,ローレンツ力に加え,電場で電子が加速される結果生じるものである.図 3.2 に示すように,長方形の平板(厚さ d)の長さ方向(x 軸)に沿って電流(I_x)を流し,面に垂直

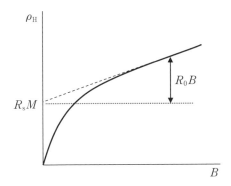

図 3.3 強磁性体のホール抵抗の模式図.

(z 軸)に磁場(B)を印加すると，電子(速度 v)はローレンツ力 evB_z を受けて幅方向(y 軸)に振れて電荷が蓄積し，y 方向に電圧 V_y が発生する．これをホール電圧という．電子が y 方向のホール電場(E_y)から受ける力は $F = eE_y$ であり，これがローレンツ力と釣り合うので $ev_xB_z = eE_y$ となり $E_y = v_xB_z$ が得られる．電子の体積濃度を n と書けば，電流密度は $J_x = nev_x$ で与えられるので，$E_y = J_xB_z/ne$ となる．$E_y/J_xB_z = 1/ne$ はホール係数(R_H)と呼ばれる．ここではキャリアが電子の場合を示したが，ホールの場合も含めてキャリアを q と書けば，R_H は(3.8)式で与えられる．$\rho_H = E_y/J_x$ はホール抵抗である．ホール係数の正負によって，キャリアがホール(正)か電子(負)かを判定できる．

$$R_H = E_y/J_xB_z = 1/nq \tag{3.8}$$

強磁性体では，外部磁場がなくてもホール効果が生じる．これが異常ホール効果である．強磁性体の磁化を M とすれば，ホール抵抗は次式で与えられる．

$$\rho_H = R_0B + R_sM \tag{3.9}$$

第1項は正常ホール効果，第2項が異常ホール効果である．R_0 および R_s はそれぞれ，正常ホール係数および異常ホール係数と呼ばれる．ホール抵抗と磁場 B の関係は**図 3.3**のように描ける．磁場に比例する係数から R_0 が得られ，磁場をゼロに外挿した値が R_sM である．強磁性体の場合，通常，R_0 は R_s に比べて非常に小さいので，異常ホール効果の磁場依存性は磁化曲線に対応し，そ

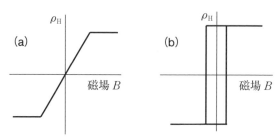

図3.4 膜面内(a)および膜垂直方向(b)に磁気異方性を有する薄膜に対し，膜垂直方向に磁場を印加したときの異常ホール抵抗の磁場依存性．

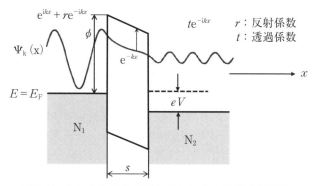

図3.5 トンネル接合を流れるトンネル電流の模式図．

の測定は薄膜の磁化曲線を知る上で有効である．一例として，面内磁気異方性あるいは垂直磁気異方性を有する薄膜に対し，膜面垂直方向に磁場を印加したときのホール抵抗をそれぞれ，図3.4(a)および(b)に模式的に示す．

3.1.4 トンネル伝導

図3.5に示すような二つの電極 N_1，N_2 と薄い絶縁体からなる接合に電圧 V を印加すると，量子力学的トンネル電流が流れる．簡単のために平面波を考え電子の移動方向を x とすると，入射電子の波動関数は e^{ikx} で与えられ，その一部はバリアで反射され，一部はバリアを透過する．そのときのコンダク

タンス G は(3.10)式に示すように，二つの電極の状態密度 $D_i(E)$ ($i=1,2$) の積に比例する．T はトンネル確率であり，バリアの厚さ s とバリア内の波数ベクトル κ の積の指数関数で与えられる．ϕ はバリアの高さである．

$$G = \sum_\sigma |T|^2 D_1(E_F) D_2(E_F + eV)$$
$$T = \exp(-2s\kappa)$$
$$\kappa = [(2m^*(\phi - E_F)/2\pi\hbar^2]^{1/2} \tag{3.10}$$

電極が磁性体の場合にはトンネル電流はスピンに依存し，その大きさは二つの磁性体の磁化の相対角度に依存する．したがって，外部磁場を印加して相対角度を変えると抵抗が変化する．これはトンネル磁気抵抗効果と呼ばれ，第4章で詳しく説明される．

3.2 スピン伝導の基礎

3.2.1 スピン拡散長とスピン緩和時間

電子が散乱を受けて運動量が変化し，その移動距離が平均自由行程を超えても，ある距離の範囲内では一般にスピンは保存される．しかし，平均自由行程よりも十分長い距離では，スピン軌道相互作用や電子間相互作用によってスピンは保存されない．すなわち，↑(↓)スピンが↓(↑)スピンに変化する．これをスピンフリップと言う．スピンフリップが生じるまでの距離をスピン拡散長(spin diffusion length) l_{sd} と称し，この間の時間はスピン緩和時間(spin relaxation time) τ_s と呼ばれる．一般に $l_{sd} > l$，$\tau_s > \tau$ の関係が成立する．$l_{sd} \gg l$ であれば，電気伝導は l によって決定される．この条件が満たされていれば，↑スピン電子と↓スピン電子を独立に取り扱ってよい．このような取り扱いをモットの二流体模型(two current model)と呼ぶ．金属強磁性体では $l_{sd} > l$ の関係が成立しているので，二流体模型を適用できる．二流体模型では，比抵抗は↑スピン電子と↓スピン電子の比抵抗の並列回路で求められ，各スピン状態の比抵抗を ρ_s ($s = ↑, ↓$) とすると，全体の比抵抗は次式で与えられる．

$$\frac{1}{\rho} = \frac{1}{\rho_↑} + \frac{1}{\rho_↓} \tag{3.11}$$

$\rho_\uparrow$ と $\rho_\downarrow$ は電気伝導度に対する(3.2)式を用いて，$\rho_s = 1/\sigma_s$ から求めることができる．$\rho_\uparrow$ と $\rho_\downarrow$ の違いの原因は，フェルミ面における↑スピンの電子状態と↓スピンの電子状態が異なること，および電子散乱の程度がスピンに依存することにある．等方的な散乱の場合，スピン緩和時間 τ_s は，E_F におけるスピンに依存した状態密度 $D_s(E_F)$，スピンに依存した散乱ポテンシャル V_s，および単位体積中の不純物の数 N_i，を用いて，次式で与えられる．

$$\tau_s^{-1} = (2\pi/\hbar) N_i V_s^2 D_s(E_F) \quad (s = \uparrow, \downarrow) \tag{3.12}$$

自由電子近似を用いると，l_{sd} と τ_s の間には次のような関係がある．D は電子の拡散係数である．

$$l_{sd} = (D\tau_s)^{1/2} \tag{3.13}$$

スピン拡散長は(3.2)と(3.13)式からわかるように，金属の比抵抗に逆比例し，比抵抗の大きい金属ほどスピン拡散長は短くなる．強磁性体のスピン拡散長 l_{sd}^F の測定結果の一例を図3.6に示す[40]．非磁性体のスピン拡散長は一般に強磁性体より長い．Cu および Co の平均自由行程はそれぞれ約 50 nm および 5 nm 程度であり，スピン拡散長は Cu の場合 100 nm 程度であり，Ag はそれより長く 130～150 nm である．

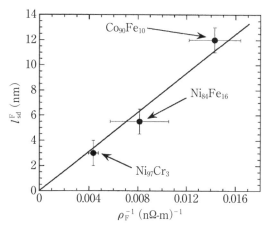

図3.6　いくつかの強磁性合金のスピン拡散長と比抵抗の関係[40]．

3.2.2 スピン蓄積とスピン流

図 3.7(a)に示すように,電流 $I_e = I_\uparrow + I_\downarrow$ を非磁性体 N から強磁性体 F_1 に流すことを考えよう.強磁性体では E_F における↑スピンと↓スピンの状態密度が異なるため,↑スピン電子と↓スピン電子の作る電流の大きさ $I_\uparrow$ と $I_\downarrow$ が異なる.強磁性体から非磁性体に電子を流すことは,数の異なる↑スピン電子と↓スピン電子が注入されることであり,図 3.7(b)に示すように F から N にスピンが注入される.これをスピン注入(spin injection)と言う.スピン注入によって,F と N の界面近傍のスピン拡散長内ではスピン蓄積(spin accumulation)が起こる.各スピンバンドの化学ポテンシャルをそれぞれ $\mu_\uparrow, \mu_\downarrow$ と書くと,スピン蓄積の大きさは $\Delta\mu = \mu_\uparrow - \mu_\downarrow$ と書ける.蓄積したスピンは界面の両側に拡散していく.$(I_\uparrow - I_\downarrow)/(I_\uparrow + I_\downarrow)$ はスピン偏極電流(spin polarized current)あるいはスピン流(spin current)と呼ばれ,$\Delta\mu$ の流れに相当する.すなわち,界面で蓄積したスピンはスピン流となって両側に拡散し,スピン拡散長を超えるとゼロになる.I_e と I_s の違いを模式的に図 3.7(c)に示す.

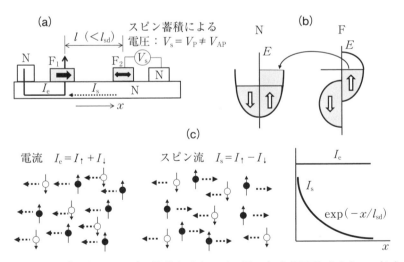

図 3.7 スピン注入とスピン蓄積を示すモデル図.(a)非局所デバイス,(b)スピン注入,(c)電流とスピン流の違い.

スピン流はFからの距離(x)が離れるにつれて$\exp(-x/l_\mathrm{sd})$に従い指数関数的に減衰し，スピン拡散長l_sdの外側ではゼロになる．このようなスピン緩和はフォノン，不純物およびスピン軌道相互作用などによってもたらされる．

　電流が流れている側と反対側には電流は流れないが，スピン流が存在する．すなわち，非磁性体Nからラテラル方向に沿って強磁性体F_1に電流を流すと，その反対側にスピン流のみ(pure spin current)を得ることができる．このような配置は非局所(non-local)法と呼ばれる．図3.7(a)において，F_1から距離$l(<l_\mathrm{sd})$だけ離れた位置にもう一つの強磁性体F_2を置けば，NとF_2間にスピン流に伴う電圧V_sが誘起し，それを測定することでスピン流を検出することができる．V_sはF_1とF_2の磁化が平行(V_P)のときと反平行(V_AP)のときで異なる．非局所デバイスはスピン流の効果を明瞭に議論することができるので，スピントロニクスにおいて非常に重要である．

　スピン蓄積による抵抗変化は次式で求められる[37]．

$$\Delta R_\mathrm{s} = (V_2^\mathrm{AP} - V_2^\mathrm{P})/I_\mathrm{e}$$

$$= \frac{4R_\mathrm{N}\left[\dfrac{P_\mathrm{I}}{1-P_\mathrm{I}^2}(R_\mathrm{I}/R_\mathrm{N}) + \dfrac{P_\mathrm{F}}{1-P_\mathrm{F}^2}(R_\mathrm{F}/R_\mathrm{N})\right]^2 e^{-l/l_\mathrm{sd}}}{\left[1+\dfrac{2}{1-P_\mathrm{I}^2}(R_\mathrm{I}/R_\mathrm{N}) + \dfrac{2}{1-P_\mathrm{F}^2}(R_\mathrm{F}/R_\mathrm{N})\right]^2 e^{-2l/l_\mathrm{sd}}} \quad (3.14)$$

$$R_\mathrm{N} = \rho_\mathrm{N} l_\mathrm{N}/A_\mathrm{N}, \quad R_\mathrm{F} = \rho_\mathrm{N} l_\mathrm{F}/A_\mathrm{F} \quad (3.15)$$

ここでP_i, R_i, l_i, ρ_i, A_iはそれぞれスピン分極率，スピン抵抗，スピン拡散長，比抵抗および断面積であり，添字i＝I, N, Fはそれぞれ界面，非磁性金属層および磁性層を意味する．スピン抵抗R_iは，通常の抵抗の定義における長さに代わって，スピン拡散長l_iに比例する．一般に磁性体のスピン拡散長は非磁性体のそれよりも小さいので，スピン抵抗は非磁性体よりも磁性体の方が小さい．スピン流はスピン抵抗の小さい物質に流れやすい．したがって，スピン流が流れている非磁性体に微小な磁性体を接触させると，スピン流は磁性体に流れ込む．第6章で示す，スピンホール効果によって生じた非磁性体中のスピン流によって，それに接した微小磁性体の磁化反転を起こせるのはこの性質を利用している．

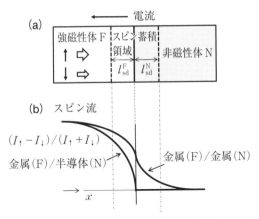

図 3.8 強磁性体と非磁性体(金属あるいは半導体)の界面におけるスピン蓄積とスピン流のモデル図.

FとNがともに金属の場合のように,状態密度およびスピン緩和時間の大きさが同程度の場合には,図3.8に示すように,スピン流はFとNでバランスし,Nの中に流れ込むことができる.しかし,Nが半導体の場合のように,Fに比べてNの状態密度がかなり小さい場合,あるいはスピン緩和時間が非常に異なる場合には,スピン流は主としてFを流れ,Nの中にはほとんど流れ込まない.実際Nが半導体の場合,(3.14)式において,$R_N \gg R_F, R_I$であるから,ΔR_sは実質的にゼロとなる.これは半導体にスピンを注入することが困難であることを意味し,半導体スピントロニクスを実現するための障害の一つになっている.これを解決するためには,金属磁性体と半導体の間に絶縁層を挿入し,抵抗のミスマッチを抑制する方法が知られている[25),26)].

スピン流の大きさは金属の状態密度に依存する.図3.9に示すように,常磁性体ではスピン注入がなければスピン流はゼロであり,ハーフメタルでは一方のスピン電子のみ(通常は多数(↑)スピン電子)が流れる.そのためハーフメタルから半導体へのスピン注入は,絶縁層を設けることなく直接可能であるように思われるかもしれない.しかし,一般に金属と半導体の界面にはショットキーバリアが形成し,それを介してスピンを注入することになる.一般に,ショットキーバリアの高さや厚さを一定に制御することは難しいので,ハーフ

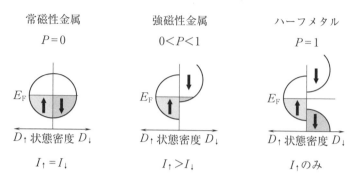

図 3.9　いろいろな金属のモデル状態密度.

メタルを用いても半導体中に大きなスピン流を生成することは困難である．半導体上に形成したトンネルバリアの上にハーフメタルを形成できれば，ハーフメタルから半導体に大きなスピン流を生成できる可能性がある．

3.2.3　アンドレーエフ反射とスピン分極率

強磁性体のスピン分極率(P)の測定には，（1）TedrowとMorseveyが行った超伝導体/バリア/強磁性体からなるトンネル接合のトンネル電流の測定[4]，（2）超伝導点接触（ポイントコンタクト）を作製し，アンドレーエフ(Andreev)反射を利用するポイントコンタクトアンドレーエフ反射(PCAR)法，（3）強磁性トンネル接合のTMR比から求める方法，などがある．（3）については4.2節で詳しく説明されるが，この方法で得られるPはトンネル電流のスピン分極率であり，強磁性体そのもののスピン分極率ではない．ここではPCAR法について簡単に説明する．超伝導では絶対零度ですべての伝導電子がクーパー対を形成し，同じ基底状態の軌道にボーズ(Bose)縮退する．クーパー対は運動量とスピンがともに逆向きに結合しており，このような対が形成されることで電子1個当たりΔのエネルギー低下が生じる．超伝導が基底状態から励起されると，一部のクーパー対が破れ，ほとんど自由電子のようにふるまう準粒子が生まれる．このとき1個の対を破るのに2Δのエネルギーが必要とされる．すなわち，超伝導体の励起スペクトルには，0 Kで$E_g=2\Delta$のエネルギーギャップが存在する．したがって，超伝導体の状態密度は図 3.10 のように書

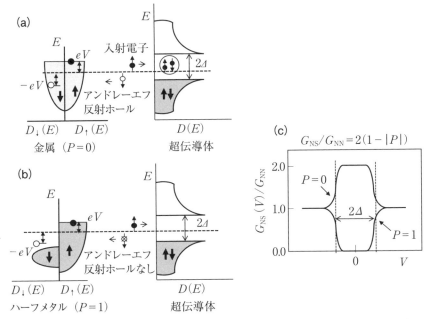

図 3.10 超伝導体-常伝導体界面における超伝導電流変換を示す図．(a)は常伝導体のスピン分極率 $P=0$，(b)は $P=1$ の場合を示す．(c)はコンダクタンス(G)のバイアス電圧依存性．縦軸は常伝導体-常伝導体のコンダクタンス (G_{NN}) に対して規格化されている[41]．

ける[41]．

　PCAR の測定では，常伝導体の試料に超伝導針を接触させて物理的コンタクトを作る．この接触部分は電子の平均自由行程よりも小さくなければならないので，数 10 nm 程度のコンタクトが必要となる．このような超伝導体に電圧 V を印加して常伝導金属 ($P=0$) から電子が流入する場合，図 3.10(a) のように，金属中の↑スピンと↓スピンが界面でクーパー対を形成してバリスティックに超伝導体に流入し，界面で生成したホールが反射して金属に流入する．このホールの反射をアンドレーエフ反射という．電子とホールの流れが伝導に寄与するので，ゼロバイアスの極限でコンダクタンス (G_{NS}) は常伝導金属-常伝導金属の場合 (G_{NN}) の 2 倍になる ($G_{NS}/G_{NN}=2$)．一方，常伝導金属

がハーフメタル（$P=1$）の場合は図3.10（b）に示すように，ハーフメタルのE_Fには一方のスピン（図では↑スピン）しかないのでクーパー対を作れず，電子は流入できないのでゼロバイアスの極限でのコンダクタンスはゼロである．$P=0$および1に対するGのバイアス電圧依存性は，図3.10（c）のようになる．一般の強磁性金属に対するコンダクタンスは$G_{NS}/G_{NN}=2(1-|P|)$で与えられ，G_{NS}/G_{NN}の実験値からPの値が求められる．

3.2.4 スピントランスファトルク

図3.11（a）に示すように，強磁性体F_1の磁化はz方向を向き，入射する電子のスピン流はx-z面内にありz軸に対してθだけ傾いているとする．このスピン状態$S(\theta)$は↑スピン状態$|\uparrow\rangle$と↓スピン状態$|\downarrow\rangle$の線形結合として次式のように表される．

$$S(\theta)=\cos(\theta/2)|\uparrow\rangle+\sin(\theta/2)|\downarrow\rangle. \tag{3.16}$$

強磁性体の内部では磁性原子による磁場が働いており，磁場と同じ向きのスピン（↑スピン）をもつ電子は容易に透過し，反対のスピン（↓スピン）をもつ電子は界面で反射される．したがって，θだけ傾いて入射したスピン流のうち，↑スピン電子はF_1を透過し，↓スピン電子はF_1との界面で反射される．このとき透過電子のスピンは，入射スピンに対して$-\theta$だけ変化しているので，全

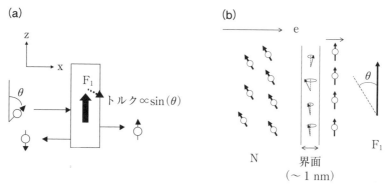

図3.11　（a）スピントランスファトルクの原理の説明図，（b）界面での磁気モーメントのx成分の吸収を示す模式図．

体のスピン角運動量を保存するためには F_1 の磁化が，図 3.11(a) の矢印の向きに $+\theta$ だけ傾かなければならない．これは伝導電子のスピンが F_1 の磁化に対してトルクを与えたことになり，スピントランスファトルク(spin transfer torque：STT)と呼ばれる．注意すべきことは，このトルクは界面近傍で働くことである．電子は様々な方向から F_1 に入射するので，様々な運動量ベクトル成分をもつが，それらを積分すると位相がキャンセルし，透過電子の x 成分は界面で失われ，その結果スピン流は z 方向を向くことになる(図 3.11(b))．すなわち，F_1 の磁化に垂直な成分は界面で F_1 に吸収され，その吸収された角運動量が F_1 の磁化にトルクとして作用するのである．

STT は伝導電子のスピン偏極電子流(スピン流)から，磁気モーメントへのスピン角運動量の受け渡しである．この現象は GMR 効果および TMR 効果と並んで，スピントロニクスを支える最も基本的で重要な効果の一つである．STT は LLG 方程式における磁化の減衰項と反対方向に作用するため，両者が釣り合う条件下で安定な磁化の歳差運動の軌道が現れる．磁化の歳差運動は電気抵抗の振動をもたらすため，高周波電圧を自励発振することができる[42]．発振の周波数は，強磁性共鳴が観測される GHz 帯，すなわちマイクロ波帯になる．この現象を利用した MTJ 素子は，新しい高周波発振・検出素子として期待され，多くの研究がなされている．

3.2.5 スピンホール効果と逆スピンホール効果

金属に電流を流すと，スピン軌道相互作用によって↑スピン電子と↓スピン電子が互いに逆方向に曲げられ，図 3.12(a) に示すように，電流と直角方向に純スピン流が誘起する．このように，スピン軌道相互作用(l–s 結合)によって電流からスピン流が生成される現象は，スピンホール(spin-Hall)効果と呼ばれる．一方，スピン軌道相互作用をもつ物質にスピン流が流れると，↑スピン電子と↓スピン電子が同じ方向に曲げられる．したがって，物質の両端に電荷が蓄積し，スピン流が電圧に変換され，図 3.12(b) に示すように，スピン流と直角方向に電流が誘起される．これは逆スピンホール(inverse spin-Hall)効果と呼ばれる．スピンホール効果はマクロな領域への電気的なスピン流の注入を，逆スピンホール効果はスピン蓄積を介さない電気的なスピン流の検出を可

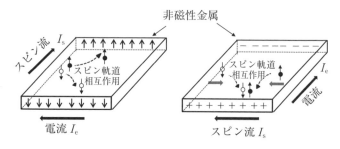

(a) スピンホール効果　　(b) 逆スピンホール効果

図 3.12　(a)スピンホール効果と(b)逆スピンホール効果の説明図.

表 3.1　いろいろな非磁性体のスピンホール角.

	θ_{SH}	文献
Pt	0.06	43)
Pt(Au)	0.12	43)
Cu(In)	0.03	44)
β-Ta	-0.15	45)
β-W	-0.30	45)

能にする．スピン流 I_s の電流 I_e に対する比 $\theta_{SH}=I_s/I_e$ は，スピンホール角と呼ばれる．その大きさはスピン軌道相互作用の大きさに比例する．いくつかの非磁性体の θ_{SH} の値を，表 3.1 に示す．スピンホール効果を利用すると，非磁性体に電流を流し，スピン流を利用して磁化反転を起こさせることができる．これについては第 6 章で解説する．

3.2.6　スピンポンピング

第 2 章の LLG 方程式で見たように，強磁性体に外部磁場を印加すると，磁化は磁場の周りに歳差運動し，ダンピング項によってこの歳差運動は有効磁場方向に向かって緩和する．この歳差運動の緩和に伴い，散逸したスピン角運動量の一部は伝導電子に受け渡され，伝導電子をスピン偏極させる．したがって，強磁性体に常磁性体を接合すると，このスピン偏極した伝導電子が拡散

3.2 スピン伝導の基礎   51

し，常磁性体中にスピン流が流れる．これをスピンポンピング(spin pumping)と言う．スピンポンピングにより生成するスピン流は次式で与えられる[46]．

$$j_s = \frac{\hbar}{4\pi} g_r^{\uparrow\downarrow} \frac{1}{M_s} \mathbf{M} \times \frac{d\mathbf{M}}{dt} \quad (3.17)$$

ここで $g_r^{\uparrow\downarrow}$ はミキシングコンダクタンスと呼ばれる量であり，界面におけるスピンポンピングの効率を表すパラメータである．スピンポンピングを利用すると，絶縁性磁性体から金属にスピン流を生成させることができる[187]．

3.2.7 ラシュバ効果

第2章のスピン軌道相互作用の項で述べたように，電場が存在する下で電子が運動すると，スピン軌道相互作用によって電子は磁場を感じる．そのときの自由電子のハミルトニアンは次式のように書ける．

$$H = H_0 + H_{SO} = -\frac{\hbar^2}{2m}\nabla^2 + \frac{\hbar}{4m^2c^2}\boldsymbol{\sigma}\cdot(\nabla V \times \mathbf{p}) \quad (3.18)$$

第1項は自由電子の運動エネルギー，第2項がスピン軌道相互作用である．m は自由電子の質量，$\mathbf{p}$ は運動量，$\boldsymbol{\sigma}$ はスピン演算子，∇V はポテンシャル勾配(電場)を表し，$\nabla V \times \mathbf{p}$ が実質的な磁場として作用する．

反対称性をもつ結晶中の電子状態は磁場が存在しない限り，↑スピンと↓スピンのエネルギーは同じであり，スピン状態は縮退している．一方，表面や界面では空間対称性が破れており，同じ運動量 $\mathbf{k}$ で指定された状態でも，スピンの向きによってエネルギーが異なる($E(\mathbf{k},\uparrow) \neq E(\mathbf{k},\downarrow)$)．つまり，エネルギーはスピン分裂している．表面上を x 方向に運動する2次元自由電子を考え，その電子の運動量を $\mathbf{p} = \hbar\mathbf{k}$ とする．図3.13(a)に示すように，この電子は，表面に垂直方向のポテンシャル勾配 $\nabla V = (0, E_y, 0)$ を感じながら運動する．このとき，$\nabla V \times \mathbf{p}$ は表面に平行であり，$\mathbf{p} = \hbar\mathbf{k}$ に直交する方向(z方向)を向くので，電子のスピンは，面内でz方向に量子化される．$\boldsymbol{\sigma}$ の大きさは $\sigma = \pm 1$ であるので，(3.18)式のエネルギーはそのスピン状態に応じて，(3.19)式で表される二つのエネルギーバンドに分裂する．この様子を図3.13(b)に示す．この式は，2次元電子においては，原子に束縛された内殻電子の

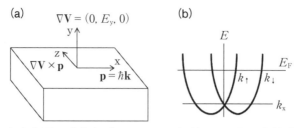

図 3.13 (a) 表面に垂直なポテンシャル勾配 $\nabla \mathbf{V}$ による有効磁場 $\nabla \mathbf{V} \times \mathbf{p}$ (b) スピン軌道相互作用による表面状態のエネルギー分裂.

スピン軌道相互作用と異なり，$k=0$ で縮退し，k に比例して分裂が大きくなることを示している．また，k の正負に応じて，上向きと下向きのスピン状態のエネルギーが反転する．したがって，強磁性体におけるスピン分裂と異なり，平衡状態において k 空間全体で平均すれば，スピンの偏りは全く生じないことになる．結晶全体で見ればスピンの偏り（磁化）はないにもかかわらず，k 空間ではスピン構造が非対称になるのである．これはラシュバ（Rashba）効果と呼ばれる．

$$E = \frac{\hbar^2 k_\mathrm{x}^2}{2m} \pm \alpha k_\mathrm{x} \sigma_z$$

$$\alpha = \frac{\hbar^2 E_\mathrm{y}}{4m^2 c^2} \tag{3.19}$$

Datta と Das は，半導体ヘテロ接合の界面の 2 次元電子ガスに誘起するラシュバ効果に着目し，電場による磁化反転を可能にするスピン FET を提案した[34]．これについては 7.3 節で説明する．

第4章
磁気抵抗効果

磁気抵抗効果は，磁場によって抵抗が変化する現象の総称である．スピントロニクスが誕生する以前は異方性磁気抵抗(AMR)が知られており，磁気センサや HDD 用読み出しヘッドに利用されてきた．近年は巨大磁気抵抗(GMR)やトンネル磁気抵抗(TMR)の出現により，MR 比が大幅に向上した．本章では GMR 効果および TMR 効果について，基本原理から材料およびデバイス構造までを解説する．

4.1 巨大磁気抵抗(GMR)効果

4.1.1 GMR 効果の観測

1986 年，ドイツの Grunberg らは Fe/Cr/Fe 3 層膜において，Cr を介して Fe 層の磁化が反平行に結合する現象を発見した[47]．第 1 章で説明したように，これが GMR 効果の発見されるきっかけとなった[10]．しかし，3 層膜の抵抗変化率は数 % と小さく，この時点で大きく注目を集めることはなかった．Grunberg らとは独立に，フランスの Fert らは Fe/Cr 人工格子(多層膜)において，4.2 K で 85%，室温でも約 20% と，従来の AMR に比べ桁違いに大きい抵抗変化率を観測した．4.2 K における結果を図 4.1 に示す[9]．これは Fe の膜厚を 3 nm に固定し，Cr の膜厚を 0.9，1.2，1.8 nm と変えたときの抵抗の磁場依存性(磁気抵抗効果)である．Grunberg らの観測と同様に，磁場がゼロのとき，Cr に隣接する二つの Fe 層の磁化は互いに反平行(AP)に結合しており，このときの抵抗(R_{AP})は大きく，十分大きな外部磁場(飽和磁場，H_s)を加えて，磁化を互いに平行(P)に配列させると，抵抗(R_P)が大きく低下する．抵抗変化率(MR 比)は $(R_{AP} - R_P)/R_P$ で定義され，その値は Cr 膜厚が 0.9 nm のとき最大を示している．また，MR 変化率は電流と磁場のなす角度に依存せず，AMR とはメカニズムを異にしている．

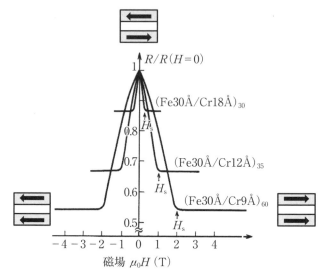

図 4.1 Fe/Cr 多層膜の 4.2 K における磁気抵抗効果．縦軸は磁場ゼロの抵抗値で規格化した値[9]．

 Fe/Cr の GMR が発見されて 3 年後の 1991 年，Fe/Cr の MR 比を上回る Co/Cu 多層膜が見出され，その MR 比は室温で 50% を越えた[48],[49]．また，MR の非磁性層厚依存性が詳細に調べられ，Fe/Cr および Co/Cu のいずれの場合にも，MR は Cr または Cu 層厚の増大とともに振動しながら減少し，その振動周期が約 1 nm であることが発見された．Fe/Cr の例を図 4.2 に示す[50]．

 この現象は，非磁性層を介した強磁性層間の交換結合が，非磁性層の膜厚に対して，強磁性結合と反強磁性結合の間で振動することに起因している．このような振動現象は，伝導電子の量子干渉効果として理解される．その描像を簡単に述べれば次のようである．図 4.3(a)に示すように，P 状態では磁化と反対のスピン(図では ↓ スピン)をもつ電子が，界面で高いポテンシャルを受けて非磁性層内に閉じ込められ，量子井戸が形成される．一方，AP 状態では，いずれのスピンも量子井戸を形成しない．層間交換結合 J はこの二つの磁化配列状態のエネルギー差，すなわち，$J(d) \propto \Delta E = E_\mathrm{P}(d) - E_\mathrm{AP}$ によって与えられる．ここに d は非磁性層の膜厚である．↓スピン電子の量子井戸形成によ

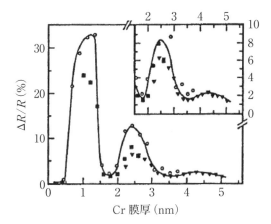

図 4.2 Fe/Cr 多層膜の 4.5 K における磁気抵抗比の Cr 膜厚依存性[50]．記号の異なる各データ点は基板温度の違いに対応する．挿入図は拡大図．

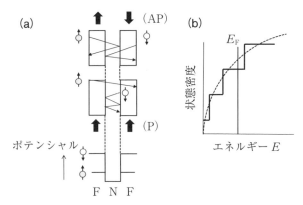

図 4.3 (a) 強磁性金属(F)/非磁性金属(N)/強磁性金属(F) の P および AP 状態のポテンシャル関係とスピン依存散乱を示す模式図，(b) 2 次元(実線) および 3 次元(破線)の状態密度曲線[51]．

り E_P のエネルギーは 2 次元的になり d に依存し，その状態密度は図 4.3(b) に示すようにステップ関数になる．一方，AP 状態では量子井戸が形成されないので，そのエネルギーは d に依存せず，状態密度はバルクと同様に 3 次元的である(図 4.3(b)の破線)[51]．両者の E_F におけるエネルギー差は d ととも

に振動的に符号を変え,それが交換結合の振動となって現れるのである.交換結合の振動現象は,強磁性層の膜厚を変えた場合にも観測される[52].これらの現象をより深く知りたい読者は,解説[51]を参照願いたい.

4.1.2　GMR効果のメカニズム

　GMRは非磁性層を介した強磁性層の磁化が,互いにAPとPの間で変わるときに生じる.これは定性的には次のように理解される.強磁性金属の多数スピン(↑)電子と少数スピン(↓)電子は,磁性原子からの交換相互作用によって,異なるポテンシャルを受けて結晶中を運動している.そのため電子の散乱はスピンに依存する(スピン依存散乱).このポテンシャルは,交換ポテンシャルと呼ばれる.図4.4(a)に示すように,強磁性金属層と非磁性金属層からなる積層膜において,磁場がゼロのとき強磁性層の磁化(矢印で表示)は互いに反平行に,飽和磁場(H_s)以上の磁場で平行に向くとする.積層膜の層内に電流を流すと,伝導電子は界面でのポテンシャルを受けながら層内を伝導するが,人工周期が電子の平均自由行程より短いとき,電子は運動量を保存したまま,界面を横切って一定の距離を移動できる.スピン拡散長は平均自由行程より長

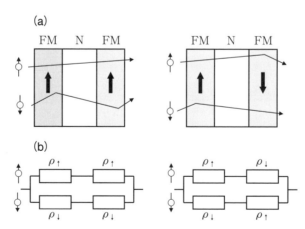

図4.4　強磁性層(FM)/非磁性層(N)/強磁性層(FM)の3層構造における,(a)スピン依存散乱および(b)スピン依存伝導の二流体モデルを示す並列回路.

いので，この間，伝導電子のスピンは保存され，独立に伝導に寄与するものとする(二流体模型).

二流体模型では，比抵抗は，磁化と同じ向きのスピン($\uparrow$)をもつ電子の比抵抗($\rho_\uparrow$)と，逆向きのスピン($\downarrow$)をもつ電子の比抵抗($\rho_\downarrow$)の寄与に分けることができる．これを用いると比抵抗は，図4.4(b)に図示するように並列回路で表すことができ，PおよびAP状態の比抵抗ρ_Pおよびρ_APは，それぞれ以下のように書ける．

$$\rho_\mathrm{P} = 2\rho_\uparrow \rho_\downarrow / (\rho_\uparrow + \rho_\downarrow)$$
$$\rho_\mathrm{AP} = (\rho_\uparrow + \rho_\downarrow)/2. \tag{4.1}$$

これからMR比は次のように表される．

$$\mathrm{MR}比 = (\rho_\mathrm{AP} - \rho_\mathrm{P})/\rho_\mathrm{P} = (\alpha - 1)^2/4\alpha,$$
$$\alpha = \rho_\downarrow / \rho_\uparrow. \tag{4.2}$$

MR比は$\alpha \sim 0$または$|\alpha| \gg 1$のとき大きく，$\alpha = 1$のとき0になることがわかる．αは比抵抗のスピン依存性を表し金属の組み合わせと関係しており，GMRの物質依存性を議論する上で重要なパラメータである．Fe/CrやCo/Cuが特に大きなGMRを示すのは，α値に起因している．

一般に積層膜の界面は必ずしもシャープではなく，原子の入り混じり，すなわち乱れが存在する．原子配列に乱れがあるとスピン依存散乱が生じる．界面の乱れが大きすぎると，スピンに依存しない寄生抵抗が大きくなり過ぎて，同じ材料を用いても大きなMR比は得られない．そのためGMRの大きさは，人工格子を構成する金属の組み合わせだけでなく，作製法にも依存する．界面の乱れに伴う原子の混じり合い状態は希薄合金と類似しており，希薄合金のα値はGMRの大きさを予測する上で参考になる．いろいろな希薄合金のα値を図4.5に示す[2]．α値の詳細については，電子状態，散乱機構および電気伝導の理論的取り扱いが必要になり，本書の目的を超えるのでこれ以上立ち入らない．興味のある読者は文献36)を参照願いたい．

以上を要約すれば，GMR効果が観測されるためには，少なくとも以下の3条件が満たされなければならない．

（a）非磁性層を介して隣接する強磁性層の磁化が互いに反平行に配列する（層間交換結合またはスピンバルブ(4.1.3項参照)）.

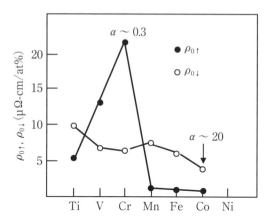

図 4.5 Ni に 1% の各不純物元素をドープしたときの 4.2 K における ↑スピン電子と↓スピン電子の比抵抗．α 値は Cr および Co 不純物に対する値[2]．

(b) 人工格子の積層周期が伝導電子の平均自由行程より小さい（層厚の制限）．

(c) 伝導電子のスピンに依存する比抵抗の違いが大きい（α 値の大きさ）．

スピン依存散乱は界面のほかに強磁性体内部（バルク）においても存在するが，層内に電流を流している場合，一般に測定系が磁性層内の電子の平均自由行程より非常に大きいので，バルクのスピン依存散乱は観測されない．GMR 効果に関してより詳細に知りたい読者は，例えば文献 53) を参照願いたい．

これまでの説明からわかるように，GMR 効果は主として界面現象であるため，積層膜に限らず非磁性金属母相中に磁性金属が希薄に混じった（通常 20〜30%），いわゆるグラニュラー合金でも観測される．ただし，この場合磁性粒子の大きさは超常磁性領域にあるので飽和磁場が大きく，MR の感度は低い．また，ゼロ磁場状態で磁化はランダムなので，MR の大きさは原理的に，反平行状態が得られる積層膜の大きさの 1/2 以下である．

4.1.3 非結合型 GMR とスピンバルブ

GMR 素子を HDD の読み出しヘッドや磁気センサに応用するためには，小さな磁場で大きな MR，すなわち高感度 MR を実現する必要がある．これま

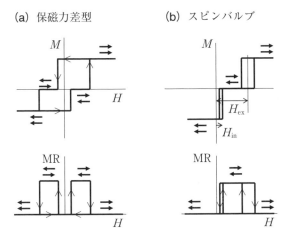

図4.6 (a)保磁力差型および(b)スピンバルブの模式的磁化曲線(M-H)と磁気抵抗(MR-H)曲線．

で述べた多層膜では，層間の強い反強磁性交換結合が存在するため飽和磁場が大きく，MRの感度が低い．高感度MRを得る手段として，次の二つの方法が知られている．一つは保磁力差型あるいは擬スピンバルブ(PSV)と呼ばれ，非磁性層の膜厚を平均自由行程以内である程度厚くして磁性層間の磁気結合を弱め，磁性層として例えばCoとパーマロイ(Ni-Fe合金)のように，保磁力の異なる2種類の磁性膜を使用する方法である[54]．これにより保磁力の小さい磁性層の磁化反転が先に起こり，低磁場でAP状態が実現される．もう一つは，例えばFeMn/NiFe/Cu/NiFeのように，反強磁性体(FeMnなど)を用いて，それに接した磁性層(ピンド層)のスピンを固着し，他方の磁性層(フリー層)の磁化反転のみを利用して，高感度化をはかるスピンバルブ(SV)[55]である．両者の磁化曲線およびMR曲線の模式図を，それぞれ図4.6(a)，(b)に示す．磁場はいずれも，はじめ大きな負の方向に印加したのち正の方向に反転し，さらに戻した場合を示している．矢印はハード層(またはピンド層)，およびフリー層の磁化の向きを表している．保磁力差型(PSV)では磁場の符号に対して，対称な磁化曲線とMR曲線が得られるが，SVではピンド層が反強磁性層から一方向に交換磁場(exchange field)H_{ex}を受けるため，磁化曲線および

表4.1 いろいろなスピンバルブ材料のMR比.

スピンバルブ	MR比
$Ni_{80}Fe_{20}/Cu/Ni_{80}Fe_{20}$	～5%
$Co/Cu/Ni_{80}Fe_{20}$	～6.5%
$Co/Cu/Co$	～9.5%
$Co_{90}Fe_{10}/Cu/Co_{90}Fe_{10}$	～12%

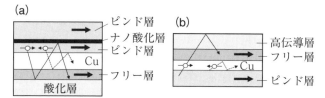

図4.7 （a）スペキュラースピンバルブおよび（b）スピンフィルタの模式的積層構造とスピン依存散乱の模式図.

MR曲線は原点からシフトする．また，しばしばフリー層はピンド層から交換結合を受ける結果，フリー層の磁化曲線も原点対称でなく，オフセット磁場 H_{in} を受ける．PSVはハード層のスピンの固着が十分でないため，現在，実用に用いられているのはスピンバルブである．スピンバルブGMRの代表的な組み合わせと，室温におけるMR比の値を表4.1に示す．

4.1.4 スピンバルブGMRの高感度化

1997年，スピンバルブGMR素子はHDD用読み出しヘッドに実用化された．その後，HDDの高密度化に伴い，フリー層の厚さを薄くすることが求められ，MR比のさらなる向上が要請された．スピンバルブでは界面の数が少ないので，MR比の向上が難しい．これに応えるための施策として，鏡面（スペキュラー）反射やスピンフィルタ効果の利用が提案された．前者のスペキュラースピンバルブは図4.7(a)に示すように，上部または下部層に薄い酸化層を設け，スピンを反転させることなく鏡面のように電子を多重反射させ，スピン依存散乱効果を増強する方法である．この場合，ナノサイズの膜厚の酸化物

層をピンド層間に挿入すると，フリー層の保磁力を増大させずに済み，これによって 20% 程度の MR 比が得られる[56]．一方，後者のスピンフィルタスピンバルブは図 4.7(b) に示すように，伝導度の高い非磁性金属層をフリー層に近接させ，多数スピン電子の伝導パスを増大させてその抵抗を下げることで，MR をエンハンスさせるものである．これにより 12% 程度の MR が得られる[57]．

4.1.5 CPP-GMR

これまで述べた GMR は層内に電流を流すタイプ (CIP: current in plane) であった．これに対し，膜面に垂直に電流を流すタイプの GMR を CPP(current perpendicular to plane)-GMR と呼んでいる．CIP-GMR では GMR を決める特性長は，伝導電子の平均自由行程であった．一方，CPP-GMR では電流は各層を一様に流れるので，GMR を決める特性長は平均自由行程ではなく，スピン拡散長になる．すなわち CPP-GMR は，界面を横切ってスピンを保存したまま移動できる距離が，多数スピン電子と少数スピン電子で異なることに起因する．CPP-GMR は膜厚方向に電流を流して測定されるが，膜厚が薄いため面積の大きな試料では抵抗が小さすぎて，GMR を測定できない．そのため，微細加工技術を用いて μm^2 程度以下の断面積をもつ試料を作製する必要がある．CPP-GMR の研究は，磁性体の研究に微細加工技術が用いられるようになった端緒でもあった．

CPP-GMR 多層膜の，各磁性層が反平行結合している場合のスピン依存ポテンシャルのモデルを図 4.8 に示す．伝導電子スピンと磁化の向きが互いに反平行 (AP) の場合はポテンシャルが高く，平行 (P) の場合は低い．P および AP 磁化配列に対する比抵抗 ρ_P および ρ_{AP} はそれぞれ，↑スピン電子および↓スピン電子の強磁性層 (F)，非磁性層 (N) および界面 (int.) での抵抗の和として (4.3) 式で与えられる．t は膜厚であり，$\Delta\rho$ の第 1 項は磁性層内 (バルク) の寄与，第 2 項は界面からの寄与を表す．CPP-GMR では CIP-GMR と異なり，界面に加えバルクもスピン依存散乱に寄与するので，同じ膜構成であれば，一般に CPP-GMR の値は CIP-GMR より大きい．一例を温度変化として図 4.9 に示す[40]．

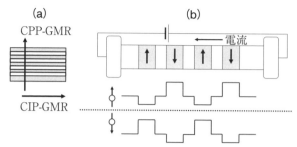

図 4.8 (a) CPP-GMR と CIP-GMR 測定に対する電流の方向, (b) 各磁性層が反平行結合している多層膜の膜面に垂直に電流を流したときの↑スピン電子と↓スピン電子が受けるポテンシャルプロファイルの模式図.

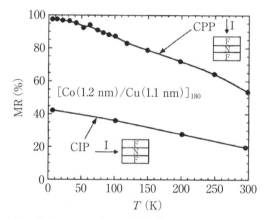

図 4.9 $[\mathrm{Co}(1.2\,\mathrm{nm})/\mathrm{Cu}(1.1\,\mathrm{nm})]_{180}$ 多層膜の CPP-GMR および CIP-GMR の温度変化[40].

$$\rho_\mathrm{P} = \rho_\mathrm{F}^\mathrm{P} t_\mathrm{F} + \rho_\mathrm{N} t_\mathrm{N} + 2\rho_\mathrm{int}^\mathrm{P},$$
$$\rho_\mathrm{AP} = \rho_\mathrm{F}^\mathrm{AP} t_\mathrm{F} + \rho_\mathrm{N} t_\mathrm{N} + 2\rho_\mathrm{int}^\mathrm{AP},$$
$$\Delta\rho = \rho_\mathrm{AP} - \rho_\mathrm{P} = (\rho_\mathrm{F}^\mathrm{AP} - \rho_\mathrm{F}^\mathrm{P}) t_\mathrm{F} + 2(\rho_\mathrm{int}^\mathrm{AP} - \rho_\mathrm{int}^\mathrm{P}). \tag{4.3}$$

(4.3)式は, 磁性層の膜厚(t_F)が厚いとき, バルクの寄与が観測される可能性を示唆している. 界面とバルクでスピン依存散乱の符号が異なる場合には, バルクと界面の寄与を明瞭に識別できる. その一例を $(\mathrm{Fe}_{72}\mathrm{V}_{28}\,t_\mathrm{F}\,\mathrm{nm}/\mathrm{Cu}\,2.3$

4.1 巨大磁気抵抗(GMR)効果

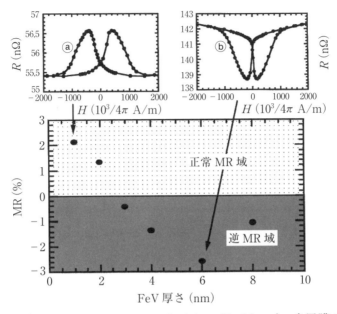

図 4.10 $(Fe_{72}V_{28}\ t_F\ nm/Cu\ 2.3\ nm/Co\ 0.4\ nm/Cu\ 2.3\ nm)_{20}$ 多層膜の CPP-MR の $Fe_{72}V_{28}$ 膜厚依存性. 図中のⓐ, ⓑはそれぞれ正および負の MR 曲線[58].

nm/Co 0.4 nm/Cu 2.3 nm$)_{20}$ 多層膜について, 図 4.10 に示す[58]. $Fe_{72}V_{28}$ 合金の膜厚が 3 nm より薄いとき GMR は正 ($\alpha = \rho_{AP}/\rho_P > 1$), 3 nm より厚いとき負 ($\alpha < 1$) に変化している. この原因は, $Fe_{72}V_{28}$/Cu の界面散乱の寄与が正であるのに対し, $Fe_{72}V_{28}$ のバルク散乱は負を与えるためである. 一方, 同じ多層膜の CIP-GMR を測定すると, GMR の符号変化は観測されない[58]. この理由は前述のように, CIP-GMR では $Fe_{72}V_{28}$ 中の平均自由行程が短いため, バルク散乱の寄与が観測されないからである.

4.1.6 Valet-Fert モデル

ボルツマン方程式を用いて CPP-GMR の大きさを定量的に評価できる表式が, Fert らによって与えられている[12]. 通常の実験で成立しているような,

個々の磁性層の膜厚がスピン拡散長よりかなり小さい場合，すなわちスピンフリップを考慮しない場合には，強磁性層(F)/非磁性層(N)/強磁性層(F)からなる擬スピンバルブ膜の抵抗変化 ΔRA は，(4.4)式のような簡単な式で与えられる[12]．ここで，添え字の F は磁性層(ここではフリー層とハード層を同じ材料としている)，N は非磁性層，t は膜厚を表している．また，β および γ はそれぞれバルクおよび F/N 界面でのスピン非対称係数，ρ は各層の比抵抗，$RA_{F/N}$ は F/N 界面での抵抗(R)と面積(A)の積である．また，R_{Para} は寄生抵抗であり，素子の端子抵抗，接触抵抗の和である．β および γ はバルク磁性体のスピン依存比抵抗 $\rho_\uparrow$，$\rho_\downarrow$，および $RA_{F/N}$ を用いて，それぞれ(4.5)式のように定義される．また，ρ_F^* および $RA_{F/N}^*$ は(4.6)式で与えられる．(4.5)式から，$\rho_{F\uparrow}$ および $\rho_{F\downarrow}$ は(4.7)式のようになる．

$$\Delta RA = \frac{4(\beta \rho_F^* t_F + \gamma RA_{F/N}^*)^2}{2\rho_F^* t_F + \rho_N t_N + 2RA_{F/N}^* + R_{Para}}. \tag{4.4}$$

$$\begin{aligned}\beta &= (\rho_{F\downarrow} - \rho_{F\uparrow})/(\rho_{F\downarrow} + \rho_{F\uparrow}), \\ \gamma &= (RA_{F/N}^\downarrow - RA_{F/N}^\uparrow)/(RA_{F/N}^\downarrow + RA_{F/N}^\uparrow)\end{aligned} \tag{4.5}$$

$$\begin{aligned}\rho_F^* &= (\rho_{F\uparrow} + \rho_{F\downarrow})/4 = \rho_F/(1-\beta^2), \\ RA_{F/N}^* &= RA_{F/N}/(1-\gamma^2).\end{aligned} \tag{4.6}$$

$$\begin{aligned}\rho_{F\uparrow} &= 2\rho_F/(1+\beta), \\ \rho_{F\downarrow} &= 2\rho_F/(1-\beta),\end{aligned} \tag{4.7}$$

(4.4)式はスピン非対称性がないとき，すなわち $\beta = \gamma = 0$ のとき $\Delta RA = 0$ となり，GMR 効果は生じない．一方，バルク散乱または界面散乱が支配的な場合には，CPP-GMR 比は(4.8)または(4.9)式のような簡単な式になる．

バルク散乱が支配的：CPP-GMR $= \beta^2/(1-\beta^2)$ (4.8)

表4.2 CPP-GMR 実験から評価された各パラメータの値[40]．

	Co/Cu	Co_9Fe_1/Cu	NiFe/Cu
l_{sd}^F(nm)	>40	12	5.5
β(4.2 K)	0.5	0.65	0.75–0.8
γ	0.7–0.75 (0.85 for Co/Ag)	0.62	0.7–0.8

界面散乱が支配的：CPP-GMR $= \gamma^2/(1-\gamma^2)$ (4.9)

CPP-GMR の測定から得られた，Co，Co_9Fe_1 および NiFe の各パラメータの値を**表 4.2** に示す[40]．l_{sd}^F は強磁性体のスピン拡散長である．

4.2 トンネル磁気抵抗効果

強磁性トンネル接合(MTJ)のトンネル磁気抵抗(TMR)効果が観測されるまでの経緯は，第1章で紹介している．本節では，はじめに AlO_x バリアを用いた多結晶の MTJ について，TMR の原理，MTJ の作製法および実験例について説明する．その後，単結晶あるいはエピタキシャル MTJ におけるコヒーレントトンネル効果について解説する．

4.2.1 散漫散乱型トンネル接合

(I) トンネル磁気抵抗効果の原理

MTJ は二つの強磁性層で数 nm 以下の薄い絶縁層を挟んだ構造からなり，強磁性層間に電圧(V)を印加すると量子効果によってトンネル電流が流れる．バイアス電圧がゼロの極限を考え，トンネルの前後でトンネル電子の運動量に相関がないものと仮定する(散漫散乱トンネル：diffusive tunneling)．トンネル確率のスピン依存性を無視すると，トンネルコンダクタンス G は，二つの強磁性体のフェルミ準位 E_F におけるトンネル電子の状態密度 $D(E_F)$ の積に比例する．したがって，トンネル過程で電子スピン(σ)が保存されるとき(**図 4.11**)，G は(4.10)式で書ける[6]．

$$G = R^{-1} = \Sigma_\sigma |T|^2 D_{1\sigma}(E_F) D_{2\sigma}(E_F),$$
$$|T|^2 \propto \exp(-2s\kappa),$$
$$\kappa = [2m^*(\phi - E_F)/2\pi\hbar^2]^{1/2}. \quad (4.10)$$

ここで R は接合抵抗，$D_{i\sigma}(E_F)$($i=1,2$)は強磁性層 i の E_F におけるスピン σ(↑または↓)をもつトンネル電子の状態密度を表す．T はトンネル確率，s はバリアの厚さ，κ はバリア内での電子の波数ベクトル，ϕ はバリア高さ，m^* はトンネル電子の有効質量，$\hbar$ はプランク定数を 2π で割った値である．(4.10)式から強磁性層の磁化が互いに平行(P)および反平行(AP)のときのコンダク

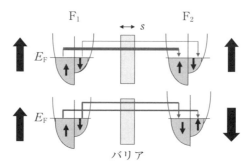

図 4.11 スピン依存弾性トンネルの模式図.

タンスはそれぞれ，$G_\mathrm{P} \propto (D_1^\uparrow D_2^\uparrow + D_1^\downarrow D_2^\downarrow)$ および $G_\mathrm{AP} \propto (G_1^\uparrow G_2^\downarrow + G_1^\downarrow G_2^\uparrow)$ と表せるので，TMR 比は以下の Julliere の式[5]で表される．

$$\mathrm{TMR}\,比 = \Delta G/G_\mathrm{AP} = \Delta R/R_\mathrm{P} = 2P_1 P_2/(1 - P_1 P_2) \quad (4.11)$$

ただし，$R = 1/G$ は抵抗，$\Delta G = G_\mathrm{P} - G_\mathrm{AP}$，$\Delta R = R_\mathrm{AP} - R_\mathrm{P}$ である．P_i は強磁性層 i の E_F におけるトンネル電子のスピン分極率であり，D_σ を用いて次式で与えられる．

$$P = (D_\uparrow(E_\mathrm{F}) - D_\downarrow(E_\mathrm{F}))/(D_\uparrow(E_\mathrm{F}) + D_\downarrow(E_\mathrm{F})) \quad (4.12)$$

(4.11)式は Fe-Co 合金の $P \sim 0.5$ を用いると，約 70% の TMR 比を与え，おおよそ実験と一致する．MTJ の特徴の一つは，強磁性層間の波動関数の重なりがほとんどないため，交換結合が非常に弱く，小さな磁場で MR を得ることができることである．これは応用上大変大きな利点である．

Julliere は $D(E_\mathrm{F})$ として強磁性電極そのものの状態密度を考えたが，これは実験と一致しない．$D(E_\mathrm{F})$ がバルク磁性体そのものの状態密度とすれば，Ni や Co では E_F において，少数($\downarrow$)スピンの状態密度の方が多数($\uparrow$)スピンのそれよりも大きいため，P は負になるべきであるが，実際は正である．また，TMR 比は電極材料だけでなく MTJ の界面構造に大きく依存する．さらに，同じ電極材料でもバリアによって TMR の符号が異なる場合がある．例えば，Co 電極を用いた場合，P は AlO_x バリアでは正であるが，SrTiO_3 バリアでは負である[59]．図 4.12 は，電極に $\mathrm{Co}_x\mathrm{Fe}_{1-x}$，バリアに AlO_x を用いた MTJ の，TMR 比および μ^2（μ は強磁性体の磁気モーメント）の x 依存性である[60]．

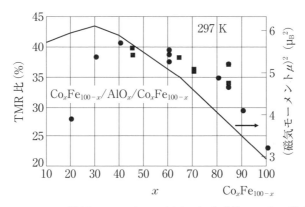

図 4.12 Co_xFe_{1-x} 電極と AlO_x バリアを用いた強磁性トンネル接合の TMR 比(■, ●)と磁気モーメントの2乗(実線)の x 依存性[60].

両者の挙動は一致しない．強磁性体の磁気モーメントは d 電子，トンネル電子は主として s 電子であることがその理由である．

以上の結果は，P とバルク強磁性体の状態密度の間には直接の関係はなく，P はトンネル電子の状態密度で考えるべきであることを示している．そのため，P はトンネルスピン分極率と呼ばれる．本書でも特に断りがなければその意味で P を使用する．Juliere モデルは現象論的な式であり，TMR 比が測定されたとき(4.11)式に従って P が求められる．

(Ⅱ) トンネル接合の作製法と TMR 特性

（a） 作製法

MTJ の TMR 比は成膜装置の真空度に大きく依存し，その作製には真空度の高い装置，できれば超高真空装置を用いることが望ましい．初期の頃の MTJ は，複数のメタルマスクを組み合わせて交差ストリップ状に作製されていた．この場合，素子サイズは最小でも〜100 μm^2 に限られ，また一度試料を大気に曝してからバリア形成を行う必要があることから，ピンホールなどの影響を受けやすく，安定した TMR 比を得るのが困難であった．最近は，光または電子ビーム(EB)を用いたリソグラフィと Ar イオンミリングによる微細加

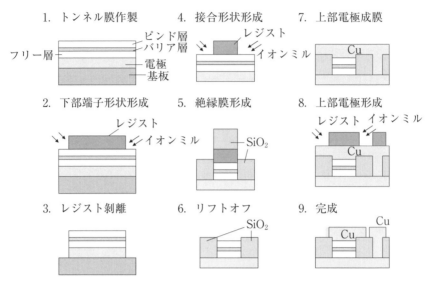

図 4.13 微細加工法(リフトオフ法)による MTJ の作製例.

工技術を利用して，界面を大気に曝すことなくミクロンサイズ以下の素子が作製可能である(図 4.13)．AlO_x バリアは Al 金属を成膜後，真空層内で酸化処理を施すことで作製される．その酸化法には，① Al 金属を成膜後，真空中に若干の酸素を導入してその場(in-situ)で自然酸化，②酸素あるいは Ar と酸素の混合雰囲気中でプラズマ酸化，③ Al の反応性蒸着，④ラジカル酸素を用いて酸化など，種々の方法が適用されたが，現在は②または④が一般的である．再現性のよい接合を得るためには，いずれの場合も大気に曝すことなく in-situ でバリア形成を行うことが望ましい．

多くの場合，MTJ においてもスピンバルブ GMR 素子のように，一方の強磁性層に反強磁性膜を接触させ，交換結合でそのスピンを固着し，絶縁層を介した他方の強磁性層をフリー層とする，交換バイアス型が作製される(図 4.14)．大きな TMR 比を得るためには，P の大きい強磁性体を用いること以外に，以下の点に留意を要する．①トンネル電子は界面から 1～2 原子層内に限られるため，TMR 比は強磁性層と絶縁層の界面状態に大きく依存するので，界面を平坦かつクリーンにする，②直接トンネル以外の非弾性トンネルを

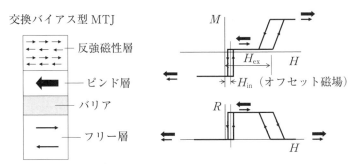

図 4.14 交換バイアス型 MTJ の積層構造モデルと M-H および R-H 曲線の模式図.

抑えるため，不純物や欠陥の少ないバリアを作製する，③ゼロ磁場状態で，二つの強磁性層間の完全反平行磁化配列状態を実現させる．

接合のバリア高さと厚さは，電流(I)-電圧(V)曲線に対する Simmons の式((4.13)式)[61]を用いて求めることができる．

$$J/V = \beta(1 + \gamma V^2) \tag{4.13}$$

ここで J は電流密度，β はバリア高さと厚さを含む定数，γ はバリア高さを含む定数である．(4.13)式を実験にフィットさせることで，良質の Al 酸化膜のバリア高さは ~3.5 eV と測定されている．TMR 比の小さい MTJ ではバリアの質が劣るため，より小さな値しか得られない．すなわち，バリア高さは接合の品質を測る目安になる．

（b） TMR の熱処理特性

バリアとして AlO_x 酸化膜を用いた MTJ は多くの場合，熱酸化 Si 基板上に作製される．このとき AlO_x はアモルファス構造となるため，その上に積層された磁性層は多結晶である．TMR 比は，MTJ を作製したままの状態では一般に小さい．その原因は，Al の酸化処理中に下部磁性層がバリアとの界面で一部酸化したり，バリアが磁性不純物を含んでいたりすることにある．これらを抑制するためには，適当な温度で熱処理することが有効である．これにより，一部酸化していた磁性層の界面から酸素が抜けて AlO_x 側に移動し，磁性層界面が清浄化されてスピン分極率が増大するため，TMR 比が向上すると理

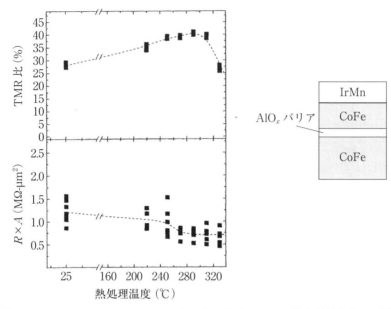

図 4.15 CoFe/AlO$_x$/CoFe/IrMn トンネル接合の TMR 比と抵抗(R)× 面積(A)の熱処理温度依存性[62]．

解される．交換バイアス型 MTJ の場合，熱処理温度の上限は一般に，反強磁性体中の Mn 原子の拡散温度で決まる．

図 4.15 は交換バイアス型 MTJ を作製後，真空中種々の温度で磁場中熱処理した場合の，室温における TMR 比と接合抵抗(R)× 面積(A)を示している[62]．TMR 比は 250℃程度の熱処理で大きく増大し，300℃程度まで安定であるが，より高温では大きく減少している．TMR の最初の増大は界面の清浄化によるものであり，300℃以上での大きな TMR 比の低下は，反強磁性体 IrMn 中の Mn 原子が拡散して磁性層-AlO$_x$ 界面に達し，磁性不純物によるスピン反転を誘起するためと考えられる．TMR 比と Julliere の式((4.11)式)を用いて求められた P の値を，いくつかの金属磁性体に対して**表 4.3** に示す[63]．

(c) TMR のバイアス電圧依存性

これまではバイアス電圧が小さく，トンネル電子のエネルギーは E_F 近傍に

表 4.3 AlO_x バリアを用いた MTJ の TMR 比から求められた
いろいろな金属強磁性体のスピン分極率[63].

材料	Ni	Co	$Ni_{80}Fe_{20}$	$Co_{50}Fe_{50}$	$Co_{84}Fe_{16}$
スピン分極率(%)	33	45	48	51	49

限られると仮定した.バイアス電圧が大きくなると,E_F より大きなエネルギーをもつ,いわゆるホットエレクトロンがトンネルに寄与し,一般に TMR 比はバイアス電圧とともに大きく低下する.この理由として,当初バンドのエネルギー依存性が考えられたが,実験では TMR 比はこれより大きく低下する.原因の一つとして,界面でのマグノン励起による非弾性散乱が挙げられる.トンネル電子は E_F より大きなエネルギーをもつので,その分だけエネルギーを失わないと他方の電極に入れない.失われたエネルギーは,フォノンの励起や不純物の分子振動に使われるが,これらは抵抗に影響を与えるものの,TMR には影響しない.影響するのは,マグノンの放出や不純物局在スピンとの相互作用により,エネルギーを失う場合である.このとき,スピンは保存されずトンネル電子のスピン反転を伴うので,TMR 比が減少する.バイアス電圧が増大すると,より多くのマグノンが励起し,TMR 比はさらに低下する.通常のトンネル接合は無限に大きい系と考えることができ,長波長のマグノン(スピン波)がゼロエネルギーで励起されるので,TMR 比の減少は低バイアス電圧から生じる.AlO_x バリアの場合,TMR 比が半減するバイアス電圧(V_h)は,バリアの質に依存して 0.3~0.5 程度である.一方,後述する MgO バリアを用いたエピタキシャル MTJ では V_h は 0.6 V 以上,スピネル($MgAl_2O_4$)バリアでは 1 V 以上と大きい.

トンネル伝導に関する挙動は,動的コンダクタンスを測定することである程度理解できる.図 4.16 は $Co/AlO_x/NiFe$ MTJ の P および AP 状態に対する,微分コンダクタンス $G = dI/dV$ のバイアス電圧依存性である[63].上段は室温,下段は低温における測定結果である.いずれも,電圧の符号に対して非対称である.コンダクタンスは界面における状態密度の積に比例するので,非対称性は上・下磁性層界面の電子状態が互いに異なることを意味している.この MTJ では上・下の強磁性体が異なるので,これは予想される結果である.一

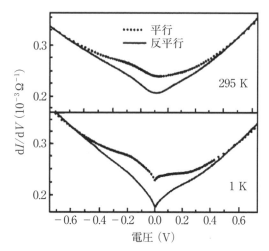

図4.16 MTJにおける二つの磁化が平行および反平行の場合の微分コンダクタンスの直流バイアス電圧依存性[63].

方,低温において,ゼロバイアス近傍で G にディップが観測される.これはゼロバイアスアノマリーと呼ばれ,マグノン励起の証拠と見なされている.マグノンの励起エネルギーは室温よりも小さいので,ディップは室温では一般に観測されない.

(d) TMR の温度依存性

バリア内や界面近傍に磁性不純物が存在すると,トンネル電子はそれらの局在スピンと相互作用し,スピン反転を伴うトンネルが可能になる.スピン反転は局在スピンの温度揺らぎに依存するので,TMR に温度依存性が生じることになる.この効果は TMR 比を減少させるので,温度特性の改善のためには,ラフネスの小さい清浄界面を有する MTJ の作製が必要である.一方,強磁性層は有限温度においてマグノンを励起するため,トンネル過程においてスピン反転を伴う非弾性散乱が生じる.P の温度変化が界面磁化と同様にスピン波励起に従うと仮定し,$P(T) = P_0(1 - \alpha T^{3/2})$ を用いてコンダクタンス変化 ΔG を実験にフィッティングさせることができる.P_0 は絶対零度における P であり,ΔG は $P_1 P_2$ に比例する.図 4.17 に $Co/AlO_x/Co/NiO$ および $Co/AlO_x/$

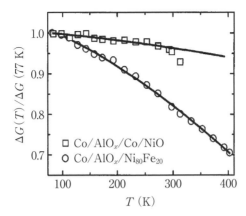

図 4.17 二つの強磁性トンネル接合の規格化された ΔG の温度変化．実線はスピン波理論によるフィッティング曲線[64]，NiO は反強磁性体．

$Ni_{80}Fe_{20}$ MTJ の，77 K で規格化した ΔG の温度変化の測定結果およびフィッティング (実線) 結果を示す[64]．両者はよく一致している．ΔG の温度変化の大きさは，磁性層の交換スティフネス定数でスケールできる．したがって，Co などキュリー点 (T_C) の高い磁性層を用いた良質の接合では，温度変化は小さいことが期待される．図 4.17 の結果もそのようになっており，T_C のより大きい Co の温度変化の方が $Ni_{80}Fe_{20}$ のそれよりも小さい．

4.2.2 コヒーレントトンネル接合

(Ⅰ) TMR のエンハンスのメカニズム

結晶性のバリアを用いた単結晶 MTJ，あるいは結晶方位が配向したエピタキシャル MTJ では，トンネル過程で，接合界面に平行な波数ベクトル $\mathbf{k}_{\parallel}$ およびトンネル電子のブロッホ波の対称性が保存される，いわゆるコヒーレントトンネル効果が発現する．この場合，トンネル確率はトンネル電子のブロッホ状態，およびバリアのエバネッセント状態の対称性に依存し，TMR 比は電極のバンド構造や結晶の配向性を反映する．本節では，結晶性 MgO バリアを用いた MTJ について説明する．MgO は 3.6〜3.9 eV のバンドギャップを有し，バンドギャップ内に Δ_1, Δ_5 および $\Delta_{2'}$ のエバネッセント状態が存在する．図

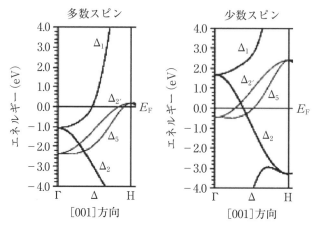

図 4.18 bcc Fe の [001] 方向に沿った↑(多数)スピン(a)および↓(少数)スピン(b)バンドのエネルギー分散.

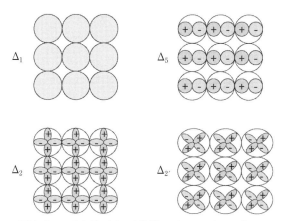

図 4.19 x-y 面をもつ正方格子と互換性のある 2 次元ブロッホ状態の対称性[16].

4.18 は Fe(100) の [001] 方向のバンド分散を示す. ↑スピンバンドは E_F において $\Delta_1, \Delta_5, \Delta_{2'}$ 軌道状態をもち, ↓スピンバンドは $\Delta_5, \Delta_{2'}, \Delta_2$ 軌道を有する. それらの波動関数の 2 次元対称性は**図 4.19** に示すように, Δ_1 は spd, Δ_5

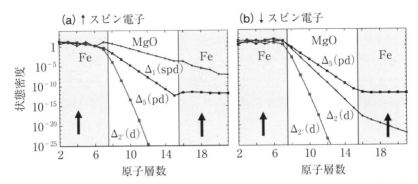

図 4.20 Fe/MgO(8原子層)/Fe(100)MTJ の平行磁化配列における(a)多数スピン(↑)および(b)少数スピン(↓)のトンネル状態密度[16].

は pd, Δ_2 および $\Delta_{2'}$ は d 軌道の対称性をもっている.

Fe/MgO/Fe(100)接合の平行磁化(P)状態における,対称性の異なるブロッホ波の各層内での状態密度の計算結果を図 4.20 に示す[16].(a)は↑スピン,(b)は↓スピンに対するものである.MgO バリア内で,Δ_1 状態の減衰率が他の状態に比べ桁違いに小さい.すなわち,Δ_1 対称性をもつ電子が,圧倒的にトンネルに寄与することがわかる.また,図 4.18 から,↑スピンの Δ_1 バンドは E_F を横切るが,↓スピンの Δ_1 バンドは E_F よりエネルギーが高い.すなわち,Δ_1 対称性で見る限り,Fe/MgO/Fe(100)はハーフメタルと見なすことができる.したがって,P 状態では Δ_1 のトンネル確率が大きく,AP 状態では Δ_1 の寄与がないので巨大 TMR が期待される.Butler ら[16]および Mathon ら[15]は独立に上述のような理論を展開し,MgO(100)バリアと bcc-Fe(100)電極を用いた,Fe/MgO/Fe(100)単結晶 MTJ の TMR 比は,コヒーレントトンネル効果によって 1000% 以上が可能であることを予測した.MgO バリアを用いた Δ_1 電子のコヒーレントトンネルは,Fe とバンド構造が類似の bcc 金属であれば可能であり,bcc-Co/MgO/bcc-Co(100)および bcc-CoFe/MgO/bcc-CoFe(100)MTJ の TMR 比は Fe/MgO/Fe より大きくなることが予言され[65],その後実験的にも検証された[66].

以上は欠陥のない,理想的なトンネル接合の場合である.実際は,MgO バリア内および界面には欠陥が存在する場合が多い.バリア内に転位などの欠陥

が存在すると，$k_{\parallel}$ およびブロッホの波動関数の対称性が保存されず，コヒーレントトンネルが抑制される．その結果，$k_{\parallel} \neq 0$ の↓スピンが MgO バリア内の $k_{\parallel} = (0,0)$ の Δ_1 状態を介してトンネルできるようになり，P 状態の↓スピンおよび AP 状態のコンダクタンスが増大し，TMR 比が低下する．一方，界面に不規則性や酸化状態が存在する場合には，電極の Δ_1 以外の対称性をもつブロッホ波が MgO の Δ_1 と混成し，そのトンネル透過率が増大するため，やはり TMR 比は低下する．

(Ⅱ) Bcc 磁性電極を用いた MTJ の実験

MgO バリアを用いた大きな TMR 比は，当初 Fe/MgO/Fe 単結晶[17]および CoFe/MgO/CoFe 結晶配向 MTJ[16]で実現された．その後，熱酸化 Si 基板上に作製された CoFeB/MgO/CoFeB[67] MTJ において，室温で 230% の大きな TMR 比が得られ，その作製法の容易さや実用性の高さから，多くの実験がこの系に集中した．この材料のポイントは，まず作製されたままの CoFeB がアモルファス構造であり，その上に作製される MgO 膜は(100)配向するという利点である．第 2 は，熱処理によって CoFeB 中のボロン(B)が抜け，MgO(100)上の CoFeB は bcc の(100)配向 CoFe に結晶化し，それによってコヒーレントトンネルが可能になるという点である．B は熱処理時にキャップ層に拡散すると考えられているが，いろいろな議論がある．理想的な界面構造を得るための条件として，熱処理温度の最適化，界面に薄い Mg 金属層の形成[68]，シード層材料，キャップ層材料[69]および CoFeB 組成の最適化[70]など，いろいろな観点から研究が行われた．界面に薄い Mg 金属層の形成は，MgO 成膜時の下部 CoFeB 層の酸化防止に有効であり，シード層はアモルファス CoFeB の生成に重要である．キャップ層材料は，熱処理時の CoFeB の結晶化に影響する．コヒーレントトンネル効果が発現するためには，CoFeB は(100)配向の bcc 構造に結晶化する必要があり，そのための有効なキャップ層材料は bcc 構造の Ta，Ti などである．

図 4.21 にいろいろなキャップ材料を用いた場合の，室温における TMR 比を示す[69]．悪い例として，例えばキャップ層に NiFe(fcc 構造)を用いると，CoFeB はその影響を受けて fcc に結晶化し，コヒーレントトンネルが阻害され，

4.2 トンネル磁気抵抗効果

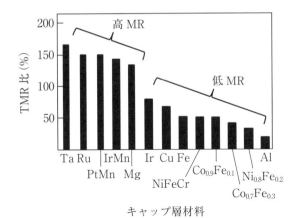

図 4.21 いろいろなキャップ材料をもつ CoFeB/MgO/CoFeB MTJ の TMR 比[69].

大きな TMR 比が得られない. キャップ層が hcp 構造の Ru の場合には, (110) 配向した CoFe が成長し, やはり大きな TMR 比が得られない. 現時点で CoFeB 電極を用いた交換バイアス型 MTJ の TMR 比は最大, 室温で 355%, 5 K で 578% が得られている[71]. このときの熱処理温度は 400℃であり, バリア高さは 0.35 eV と見積もられている. 交換バイアス型 MTJ の場合, 反強磁性層からの Mn の拡散の問題があるため, 熱処理温度に上限がある. これを回避するため, 反強磁性体を使用しない擬スピンバルブ型の MTJ が作製され, より高温での熱処理が検討された. その結果, 熱酸化 Si 基板上に作製された Ta/Ru/Ta/$Co_{20}Fe_{60}B_{20}$/Mg/MgO/$Co_{20}Fe_{60}B_{20}$/Ta/Ru において, 525℃で熱処理したとき最大, 室温で 604%, 5 K で 1144% の TMR 比が報告されている[71].

以下, コヒーレントトンネル接合の TMR の特徴を示す.

(a) 温度依存性

図 4.22 は交換バイアス型 Ta/PtMn/CoFe/Ru/CoFeB/Mg/MgO/CoFeB/Ta MTJ に対する, 平行 (P) および反平行 (AP) 状態の抵抗 R および TMR 比の温度変化を示したものである[72]. P 状態の抵抗はほとんど温度変化せず, TMR の温度変化は AP 状態の抵抗の温度変化で支配されることがわかる. このような現象は, MgO バリアを用いたコヒーレントトンネルに共通してい

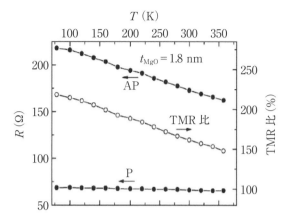

図 4.22 CoFeB/MgO/CoFeB MTJ の P および AP 磁化状態の抵抗 (R) および TMR 比の温度変化[72].

る.P 状態では,トンネル電子は主として $\mathbf{k}_\parallel = (0,0)$ の Δ_1 対称性をもつ↑スピン電子であり,それはハーフメタル的であるので,多数スピンバンド間の直接弾性トンネルが生じ,その温度変化が小さいと考えられる.スピン分極率の温度変化をスピン波近似 $P(T) = P_0(1 - \alpha T^{3/2})$ で記述し,直接弾性トンネルだけを考えて,TMR およびコンダクタンスの温度変化を説明できる.また,P_0 および α は MgO バリア厚さが薄くなるとともに,それぞれ減少および増大する[73].この原因はバリア厚さが薄くなると,$\mathbf{k}_\parallel \neq (0,0)$ の透過率が増大することに加え,界面構造が乱れやすくなることによるものである.α は $(1.5 \sim 2.2) \times 10^{-5} (\mathrm{K}^{-3/2})$ で,両電極に CoFe 合金を用いた MTJ の場合と同等であり,バルク磁化の温度変化から求められる値より 1 桁大きい.

(b) バイアス電圧依存性

Fe/MgO/Fe MTJ の(a)TMR 比および(b)コンダクタンス(G)のバイアス電圧依存性を**図 4.23** に示す[74].いずれも電圧の極性に対して非対称性を示しており,上部と下部の Fe とバリアとの界面の電子状態が互いに異なることを示唆している.TMR 比はバイアス電圧とともに大きく低下し,V_h は TMR 比が半減するときのバイアス電圧であり,$V_h \sim 0.3\,\mathrm{V}$ である.AP 状態の G_AP はバイアスとともに増大し,1 V 以上で急増している.一方,P 状態の G_P は 0.6

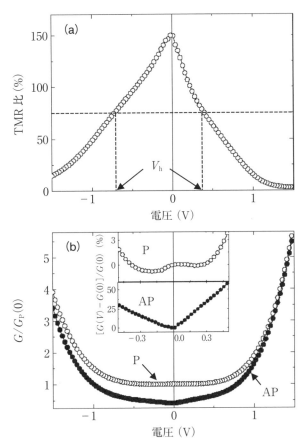

図 4.23 (a)室温における TMR 比および(b)平行(P)および反平行(AP)磁化配列状態のコンダクタンス(G)のバイアス依存性．G は G_P で規格化されており，挿図は低バイアス電圧領域の拡大図である[74]．

V 近傍まで一定のように見えるが，より詳細に見れば，挿図に見られるように ±0.3 V 近傍で極小をもつ．この極小の原因は Fe のバンド構造に由来することが指摘されている．すなわち，図 4.18 において，多数スピンバンドの Δ_5 は 0.3 eV 近傍で飽和しており，それより大きなバイス電圧では Δ_5 電子のトンネルへの寄与がないため，コンダクタンスに極小が現れると理解されている．

このような極小は，次章で示すフルホイスラー合金を用いた MTJ において，より鮮明に観測される．

4.2.3 スピネルバリアを用いたトンネル接合
（I） 大きな TMR 比と優れたバイアス電圧依存性

MgO(100)以外にも，SrTiO$_3$(100)や ZnSe(100)がコヒーレントトンネル効果に有効なバリアであることが指摘されているが，実験的には検証されていない．一方，2009 年スピネル構造の MgAl$_2$O$_4$ バリアを用いて，MgO(100)基板上に作製されたエピタキシャル MTJ において，大きな TMR 比が観測された[23]．最初の観測では電極にフルホイスラー合金を用いているが，それは次章で詳細に述べることにし，ここでは，MgO(100)/Cr バッファ/Fe(30 nm)/MgAl$_2$O$_4$/Fe(5 nm)/IrMn エピタキシャル MTJ について説明する．

図 4.24 は上記 MTJ の TMR 比，並びに P および AP 状態の抵抗の温度変化（a），室温と 15 K における TMR 曲線（b）および TMR のバイアス電圧依存性（c）である[75),76]．TMR 比は室温で 117%，低温で 165% と，AlO$_x$ バリアを用いて得られる値を大きく凌駕している．また，MgO バリアと同様に，P 状態の抵抗の温度変化は非常に小さく，TMR の温度変化は AP 状態の抵抗の温度変化が支配的である．高分解能電子顕微鏡(HRTEM)観察結果によれば，スピネルバリアは結晶質でエピタキシャル成長しており，バリア内に欠陥がほとんどなく，界面に若干の転位が存在するのみである．エピタキシャル関係は Fe(001)[110] ∥ MgAl$_2$O$_4$(001)[100] であり，Fe は面内で 45 度回転して成長している．バリア内に欠陥が見られない原因は，MgAl$_2$O$_4$(格子定数＝0.808 nm)と Fe の格子ミスフィットが 0.20% と非常に小さいことにある．Bcc Co-Fe 合金および Co 基フルホイスラー合金に対する格子ミスフィットも，それぞれ −0.32% および 0.17% と MgO に比べ非常に小さい．V_h が 1 V 以上と，MgO バリアを用いた場合よりも非常に大きいのはそのためと考えられる．

上記 MgAl$_2$O$_4$ バリアは，Mg/Al(Mg/Al 原子比 =0.56)2 層膜をプラズマ酸化することで作製されているが，Mg-Al 合金を成膜後に酸化することでも作製できる[77]．さらに，MgAl$_2$O$_4$ 焼結体を直接スパッタしても作製できる[76]．

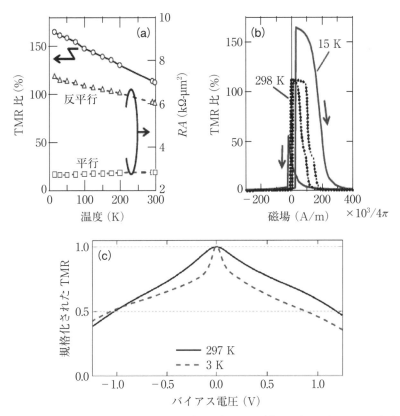

図 4.24 Fe(30 nm)/[Mg(0.91 nm)/Al(1.16 nm)]/Fe(5 nm) MTJ の(a) TMR 比(実線)および P および AP 状態の抵抗 × 面積(RA)(破線)の温度変化.(b) 15 K および 298 K における TMR 曲線[75].(c) は表 4.4 に示す焼結 $MgAl_2O_4$ バリアを用いた MTJ の TMR のバイアス電圧依存性[76].

各種方法で作製されたスピネルバリアを用いた,Fe/$MgAl_2O_4$/Fe MTJ の TMR 比を比較して**表 4.4** に示す.第 3 の方法が最大の TMR 比を与えており,界面に転位が見られないほぼ完璧なエピタキシャル接合構造が HRTEM で観察されている.

表 4.4 Fe/MgAl$_2$O$_4$/Fe MTJ におけるスピネルバリアの作製法の違いと TMR 比.

作製法	TMR 比(%)	
	室温	低温
Mg/Al 二層膜のプラズマ酸化	117	165
Mg-Al 合金のプラズマ酸化	180～190	304～328
MgAl$_2$O$_4$ 焼結体のスパッタ	245	436

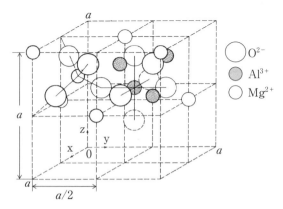

図 4.25 MgAl$_2$O$_4$ スピネルの単位胞.

(II) 大きな TMR 比の原因

このような大きな TMR 比は，何に起因するのだろうか．考えられるのは MgO バリアと同様に，Δ_1 電子のスピン依存コヒーレントトンネル効果である．MgAl$_2$O$_4$ の結晶構造は図 4.25 に示すように正スピネル構造であり，単位胞内に Mg^{2+} が 8 個，Al^{3+} が 16 個，O^{2-} が 32 個含まれる．Mg^{2+} は 4 面体を形成する 4 個の O^{2-} で囲まれ(4 面体サイト)，Al^{3+} は 8 面体を形成する 6 個の O^{2-} で囲まれている(8 面体サイト)．格子定数は 0.808 nm であり，bcc-Fe の格子定数の 2 倍と比較すると，その格子ミスフィットは 0.20% と非常に小さい．しかし，格子整合が良いだけではコヒーレントトンネル効果による TMR のエンハンスを担保することにはならず，電子状態を調べる必要があ

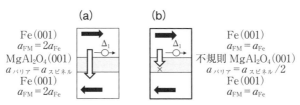

図 4.26 Fe/スピネル/Fe MTJ の AP 状態における Δ_1 電子のトンネルの可否を示す模式図．（a）スピネルが規則構造をもつ場合，（b）スピネルが陽イオン不規則構造をもつ場合[77]．

る．第一原理計算によれば，$MgAl_2O_4$ バリアを介した主な伝導パスは，MgO バリアの場合と同様に，Δ_1 エバネセントバンドである．しかし，スピネルの格子定数が Fe の約 2 倍であるため，トンネル効果において，面内波数ベクトル（$\mathbf{k}_{\parallel}$）の 2 次元ブリルアンゾーンにおけるバンドの折りたたみ効果を考慮する必要がある．そうすると，Δ_1 エバネセント状態は，Fe の $\mathbf{k}_{\parallel}=0$ における多数スピン Δ_1 状態だけでなく，少数スピン Δ_1 状態とも結合し，図 4.26（a）に示すように，AP 状態で Δ_1 電子のトンネルが可能になる[77]．そのため，Fe の Δ_1 バンドは MgO バリアにおけるようなハーフメタリックにならず，巨大 TMR は期待されない．

一方，スピネル構造において O^{2-} は正規のサイトを占め，Mg^{2+} と Al^{3+} が互いに不規則に置換した場合（陽イオン不規則構造），格子定数はスピネル構造の 1/2 となり，Fe に対してバンドの折りたたみを考える必要がなく，AP 状態に対して Δ_1 電子はトンネルできなくなる（図 4.26（b））．すなわち，陽イオン不規則構造を取るスピネルバリアにおいては，コヒーレントトンネル効果による TMR のエンハンスが期待できる．実際，上記 MTJ のスピネルバリアは陽イオン不規則構造をもつことが，HRTEM によって確認されている．陽イオン不規則構造のスピネルバリアによる TMR 比のエンハンスは，bcc-CoFe 電極を用いた MTJ においても観測されている．CoFe の方が Fe よりもトンネルスピン分極率が大きいため TMR 比はより大きくなり，Mg-Al 合金をプラズマ酸化して作製したスピネルバリアを用いた場合，15 K で 479%，室温で 308% の TMR 比が得られている[77]．

4.2.3 垂直磁化トンネル接合

（I） 酸化膜/磁性膜の界面磁気異方性

　AlO_x と Co 磁性膜との界面で，垂直磁気異方性（PMA）の発現が 2002 年に発見された[78]．その後，MgO 酸化膜を用いた Fe および CoFeB 磁性膜に対しても PMA が観測された．なぜ AlO_x や MgO 酸化膜が PMA を誘起するのだろうか．Manchon らは X 線光電子分光（XPS）を用いて界面を解析し，界面で

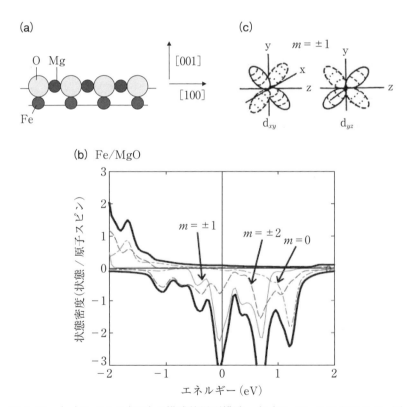

図 4.27　（a）Fe/MgO(100)の模式的界面構造，（b）Fe/MgO における Fe 原子の状態密度（実線）と軌道分解状態密度（破線）[80]，（c）$m = \pm 1$ 軌道の模式的形状．

磁性膜が酸化されず，界面がシャープな場合にPMAが出現することを明らかにした[79]．同様のことはMgOバリアに対しても言える．(100)配向したFe/MgO(100)では清浄界面の場合，図4.27(a)に模式的に示すように，Fe原子は酸素原子に接している．NakamuraらはFe/MgO(100)について第一原理計算を行い，図4.27(b)に示すような状態密度を得た[80]．これを見ると，界面におけるFeの$m=0$ ($3d_{z^2}$) 軌道は，MgOの酸素原子のp_z軌道と混成することでフェルミ準位E_Fより上に押し上げられ，E_FにおけるFeの最大状態密度を与える軌道は$m=\pm 1$である．$m=\pm 1$は図4.27(c)に示すような軌道状態をもち，スピン軌道相互作用を通して，Feの磁気モーメントが膜面内を向くよりも膜面に垂直に向いた方がエネルギーの低い状態，すなわち，PMAをもたらす．一方，Coの場合はFeより3d電子が一つ多いため，$m=0$ ($3d_{z^2}$) の状態がフェルミ準位に存在するため，Co/MgOは垂直磁気異方性を発現しない．

AlO_xやMgOによる界面磁気異方性が見出されて以降，コヒーレントトンネル効果が期待されるMgOバリアとCoFeBを用いたPMAの研究が活性化した．一方，スピン分極率の大きい，Co_2FeAlフルホイスラー合金を用いたPMAも実現された．後者に関してはハーフメタルを扱う第5章で述べることにし，ここではCoFeBについて簡単に述べる．図4.28は熱酸化Si基板上にスパッタ法で作製された，Ta/Ru/Taバッファ/CoFeB/MgOを，300℃で熱処理した場合の面内(破線)および面垂直(実線)方向の磁化曲線である[81]．CoFeBはFeリッチ組成の$Co_{20}Fe_{60}B_{20}$，その膜厚は(a) 2.0 nmおよび(b) 1.3 nmである．前者は面内磁化容易軸を，後者は垂直磁化を示している．図4.28(b)の挿図は$K \cdot t_{CoFeB} - t_{CoFeB}$の関係を示している．ここで，$t_{CoFeB}$はCoFeBの膜厚，$K$は測定された磁気異方性定数であり，$K = K_b - 2\pi M_s^2 + K_i/t_{CoFeB}$で与えられる．ここで$K_b$はバルクの結晶磁気異方性，$2\pi M_s^2$は膜面垂直方向の反磁場エネルギー，$M_s$は飽和磁化，$K_i$は界面異方性定数である．$K$が正のとき垂直磁気異方性を表す．バルクCoFeBの磁化容易軸は膜面内にあるため，K_bは負である．図4.28(b)の挿図から，t_{CoFeB}が約1.4 nm以下のとき垂直磁気異方性が得られる．CoFeB/MgOで垂直磁気異方性を得るためには，Taバッファを用いることが重要である．Ta/CoFeB/MgO/M積層膜の垂直磁気異方性に関して，キャップ材料(M=Ta, Nb)依存性やM=Taの

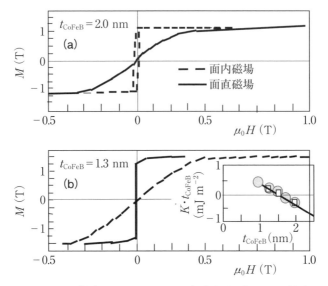

図 4.28 CoFeB の膜厚が $t_{CoFeB}=2.0$ nm（a）および 1.3 nm（b）の Ta/CoFeB/MgO の面内および面直方向の磁化曲線．（b）の挿図は $K \cdot t_{CoFeB}$ の t_{CoFeB} 依存性[81]．

膜厚依存性など，いろいろな角度から調べられている．いずれの場合もアモルファス CoFeB を結晶化させるための熱処理が必要であり，熱処理温度 T_a は 300～350℃のとき垂直磁化が得られる．T_a がこれより大きいと CoFeB は面内磁化膜となる．また，キャップ層の厚さは 1～2 nm 程度が最適であり，この範囲外では面内磁化膜になる．

(Ⅱ) 垂直磁化トンネル接合の TMR

垂直磁化 MTJ(p-MTJ)は大容量 MRAM のキーメモリ素子であることから，多くの研究がある．一例として，$Co_{20}Fe_{60}B_{20}(1)/MgO(0.9)/Co_{20}Fe_{60}B_{20}(1.3)$ p-MTJ(括弧内の数字は膜厚，nm)において，TMR 比 =124%，抵抗 × 面積 $RA=18$ Ω-μm^2，垂直磁気異方性定数 $K_u=2.1\times 10^5$ J/m^3 が報告されてい

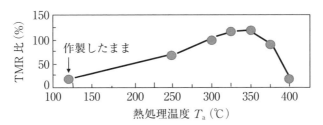

図 4.29 $Co_{20}Fe_{60}B_{20}(1)/MgO(0.9)/Co_{20}Fe_{60}B_{20}(1.3)$ p-MTJ の室温における TMR 比の熱処理温度依存性[81].

る[81]. TMR 比は熱処理温度 T_a に依存し，**図 4.29** に示すように，$T_a = 350℃$ のとき最大となり 400℃では大きく低下する．

第5章

ハーフメタル

従来,磁性材料は磁化,透磁率,保磁力というような磁気特性が,優れたソフト磁性材料やハード磁性材料を開発する上で重要な物理量であった.スピントロニクスの登場により新たにスピン分極率が重要な物理量として加わり,その最大の値を誘起するハーフメタルはスピントロニクスのキー材料と見なされている.スピントロニクスの観点から見ると,ハーフメタルは大きなスピン流の生成源や検出源として機能し,MTJやCPP-GMRデバイスに用いられると,無限に大きなTMR比や巨大なCPP-GMRを発現するとともに,第6章で示されるように,スピントルクによる磁化反転電流を低減することが期待される.また,ハーフメタルは半導体への高効率スピン注入を実現する上でも,重要な材料である.本章ではこれまでのいろいろなハーフメタル材料の研究経緯を述べ,構造と物性および応用的観点から見たときの現状を概説し,ハーフメタルを実現することがいかに困難であったかを説明する.その後,実用性が高く,広く研究されているCo基フルホイスラー合金について,結晶構造,電子構造および物理的特性など基本的な事柄を説明した後,ハーフメタルの実験的検証,並びにMTJにおけるコヒーレントトンネル効果の観測結果などを示す.

5.1 いろいろなハーフメタル材料

5.1.1 はじめに

ハーフメタルは**図5.1**に模式的に示すように,フェルミ準位(E_F)において,一方のスピンバンド(通常,多数スピン(↑))は金属的であるが,他方のスピンバンド(少数スピン(↓))はエネルギーギャップ(Δ)をもつため,100%スピン分極している.図のδは,E_Fと↓スピン伝導バンド端とのエネルギー差を表す.δが小さいとバンド間遷移が生じハーフメタルの特徴が失われるので,δは室温以上の大きな値が要求される.ハーフメタルの存在は1983年,NiMnSb

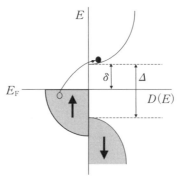

図5.1 ハーフメタルの状態密度の模式図. δが小さいと熱励起によって↑スピンが↓スピンバンドに遷移する.

ハーフホイスラー合金に対して理論的に予言された[22]. その後, Fe_3O_4, CrO_2, $La_{0.7}Sr_{0.3}MnO_3$(LSMO), Sr_2FeMoO_6(SFMO)などの酸化物系, フルホイスラー合金のCo_2MnSiおよびCo_2MnGe, さらには$CrAs$など, 多くの系がハーフメタルになることが理論的に予言された. このうち現在まで, 強磁性トンネル接合(MTJ)において, ハーフメタルに期待される非常に大きなTMR比が得られている物質は, LSMOとCo基フルホイスラー合金のみである.

5.1.2 希土類混合価数酸化物

ペロブスカイト構造(図5.2)をもつ$La_{0.7}Ca_{0.3}MnO_3$(LCMO)や$La_{0.7}Sr_{0.3}MnO_3$(LSMO)などの希土類混合価数酸化物にはMn^{3+}とMn^{4+}イオンが存在し, それらが互いに隣り合うと, 両者のスピンが同一方向であれば容易に電子がMn^{3+}からMn^{4+}に飛び移ることができ, それによって強磁性が発現するとともに, 金属的伝導が生じる. このような相互作用は, Zenerの2重交換相互作用と呼ばれる[82]. 一方, 上記希土類混合価数酸化物は, $\delta = 0.35$ eV をもつハーフメタルでもあることが, 1996年に理論的に予言された[83].

実験的には当初, ハーフメタル性に関して矛盾した報告が多かった. 2003年, パルスレーザ法によって, $SrTiO_3$(STO)をバリアに用いたエピタキシャルLSMO/STO/LSMOトンネル接合がSTO(100)単結晶基板上に作製され,

5.1 いろいろなハーフメタル材料

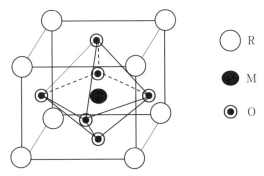

図 5.2 RMO$_3$ ペロブスカイト構造の単位胞.

4.2 K で 1850% の TMR 比が報告された[84]. この値は，上・下の LSMO 電極のトンネルスピン分極率 P が同じと仮定すれば，Julliere モデルから $P = 0.95$ と求められる. TMR 比は温度の上昇とともに激減し，250 K で 30%，270 K で 12.5% である. TMR 比の急激な温度変化は LSMO の T_C が 350 K と低いためであり，それが LSMO など希土類混合価数酸化物ハーフメタルの実用性を阻害している主な要因である.

LSMO を用いた MTJ の研究で特筆すべき成果として，トンネルスピン分極率に対する考えに一石を投じた，Teresa らの重要な研究[85]が挙げられる. 彼らは電極としてそれぞれ Co と LSMO を，バリア (I) として Al$_2$O$_3$ (ALO)，STO および Ce$_{0.7}$La$_{0.3}$O$_{1.8}$ (CLO) を使用して，STO (100) 基板/LSMO/I/Co MTJ を作製し TMR 特性を調べた. ALO バリアと Co 以外はパルスレーザ法を用いて作製された. Co はスパッタ法で，ALO バリアは，金属 Al をスパッタで成膜後プラズマ酸化によって作製された. 下部電極の LSMO と STO あるいは CLO バリアは互いにエピタキシャル成長しており，Co 層は多結晶である. ALO バリアを用いた MTJ は，平行磁化配列 (P) 状態の方が反平行磁化配列 (AP) 状態より抵抗が小さく，通常の正の MR 曲線を示す. 一方，STO (および CLO) バリアを用いた MTJ の場合には，図 5.3 に示すように，P 状態の方が AP 状態より抵抗が高い MR 曲線を示し，Julliere モデルで計算される TMR 比は負となり，インバース TMR と呼ばれる. このように，同じ電極材料を用いているにもかかわらず TMR の符号が異なることは，スピン分極率は

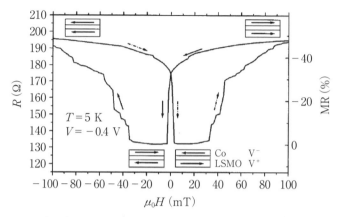

図 5.3 STO(100)/LSMO/STO/Co トンネル接合の 4.2 K における抵抗の磁場依存性[85].

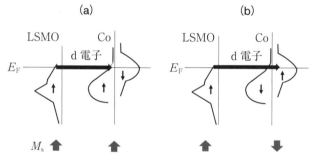

図 5.4 STO(100)/LSMO/STO/Co トンネル接合における(a)P および(b) AP 状態における LSMO の↑スピンから Co の↑スピン状態へのトンネルの模式図[86].

電極材料のみでは決まらず,バリアとの界面の電子状態が重要であることを意味している.

LSMO は多数スピンが E_F を占めるハーフメタルであるため,P は正である.したがって,上記結果は Co の P が ALO バリアに対しては正,STO および CLO バリアに対しては負であることを意味している.これは次のように理

解される[86]．Co では↑スピンの d 電子準位は E_F より下にあり，↓スピンの d 電子準位が E_F に存在するため，E_F における状態密度は↓スピンバンドの方が↑スピンバンドより大きく，P は負になることが期待される．しかし，ALO バリアの場合，Co の↓スピンバンドの d 軌道と Al の sp 軌道が界面で強く結合して↓スピンバンドの Al-sp の状態密度が低下するため，s 電子のトンネルによって正の P が得られる．その結果，ノーマル TMR が出現する．一方，STO バリアの場合には d 電子がトンネルに寄与する．図 5.4 に示すように，Co の E_F における状態密度は↑スピンよりも↓スピンの方が大きいため，AP 状態の方が P 状態より抵抗が小さくなり，インバース TMR が出現する．

5.1.3 マグネタイト

マグネタイト(Fe_3O_4)は逆スピネル構造をもち，A サイト(4 面体サイト)が Fe^{3+} イオンで占められ，B サイト(8 面体サイト)は Fe^{2+} と Fe^{3+} イオンによって同じ割合で占められるフェリ磁性体であり，単位胞当たりの磁気モーメントは $4\mu_B$/f.u，キュリー点は $T_C \sim 860$ K である．マグネタイトでは Fe^{2+} と Fe^{3+} イオン間を 3d t_{2g} 電子がホッピング伝導することができ，そのため高い電気伝導を示す．しかし，120 K において金属–絶縁体転移(Verwey 転移)が存在する．この Verwey 転移は B サイトにおける，Fe^{2+} と Fe^{3+} イオンの電荷秩序によるものである．第一原理計算によれば，マグネタイトは，多数スピン(↑)バンドにバンドギャップを有するハーフメタルである．

Fe_3O_4 薄膜は通常，格子整合の良い MgO 基板上に作製され，バルク並みの磁化と Verwey 転移が観測されており，良質の薄膜が作製されている[87]．薄膜のハーフメタル性はスピン分解光電子分光を用いて実験的に調べられており，E_F における 100% のスピン分極率は観測されていない．Fe_3O_4 を電極に用いた MTJ は，MgO(100)基板/Fe_3O_4/MgO/CoFe[88] および MgO(100)/Fe/Fe_3O_4/MgO/Co[89] などのエピタキシャル MTJ が作製され，TMR 特性が評価されている．E_F において多数スピンバンドにギャップをもつ Fe_3O_4 の状態密度を反映し，いずれもインバース TMR 特性を示す．しかし，TMR 比は室温で -8%，80 K で -22% と，ハーフメタルから期待される値にほど遠いのが現状である．

5.1.4 CrO$_2$

CrO$_2$ は図 5.5 に示すような正方晶のルチル構造をもち,格子定数は $a=0.4422$ nm,$c=0.2917$ nm である.CrO$_2$ は Cr が磁気モーメントをもつ,酸化物にはめずらしい強磁性体であり,磁気モーメントは単位胞当たり $\mu=2\mu_B$/f.u,キュリー点は $T_C=392$ K である.第一原理に基づく電子構造の計算がいろいろな方法で行われており,例えば密度汎関数理論に対して局所スピン密度近似 (LSDA) を用いた計算によれば,CrO$_2$ は $\Delta=1.4$ eV をもつハーフメタルである[90].

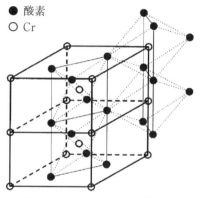

図 5.5 CrO$_2$ のルチル構造.

CrO$_2$ は準安定相であり安定相の Cr$_2$O$_3$ が形成しやすいため,薄膜,特に表面が CrO$_2$ の薄膜を得ることが難しい.その中で,化学蒸着 (CVD) 法を用いて Al$_2$O$_3$(0001),TiO$_2$(110) および TiO$_2$(100) 基板上に CrO$_2$/絶縁層/Pb (または Al) からなる強磁性層/絶縁層/超伝導層の接合が作製され,Andreef 反射を利用して CrO$_2$ のスピン分極率が測定された.CrO$_2$/絶縁層/Pb および CrO$_2$/絶縁層/Al に対してそれぞれ,$P=0.97$ および 0.92 が得られている[91].一方,CrO$_2$ を用いて作製された Ti(100) 基板/CrO$_2$(001)/SnO$_2$(001) 絶縁層/Co MTJ の TMR 比は,10 K で 14% と小さい[92].

5.1.5 2重ペロブスカイト

2重ペロブスカイト $A_2B'B''O_6$ (A はアルカリ土あるいは希土類金属，B は遷移金属)は**図 5.6** に示すような結晶構造をもち，ペロブスカイト構造における B サイトが B' サイトと B'' サイトによって交互に占められている．Sr_2FeMoO_6 (SFMO)では Fe^{3+} ($S=5/2$) と Mo^{5+} ($S=1/2$) イオンが交互に B サイトを占有して互いに反強磁性的に結合し，導電性を有するフェリ磁性体であり，単位胞当たりの磁気モーメントは $4\mu_B$/f.u，キュリー点は $T_C = 415$ K である[93]．**図 5.7** に，種々の 2 重ペロブスカイト $A_2B'B''O_6$ について測定された T_C を，価電子数 (N_V) に対してプロットした結果を示す[94]．T_C は A 元素によって大きく異なるとともに，A 元素が同じであれば N_V の増大とともに単調に増大する．1998年，SFMO はハーフメタルであることが，第一原理に基づく状態密度計算により明らかにされた[95]．E_F において多数スピンバンドがギャップを形成し，少数スピンバンドは金属的であり，したがって E_F におけるスピン分極率は負である．ハーフメタル性は，X 線磁気円二色性(XMCD)の測定によって実験的にも確認されている[96]．

高品質の SFMO 膜は，$SrTiO_3$(100) 単結晶の上にパルスレーザ法を用いて作製され，X 線回折により格子定数 $a = 0.788$ nm，$c = 0.795$ nm が，磁気特性の評価により 4.2 K における単位胞当たりの磁気モーメント $\mu = 3\mu_B$/f.u およびキュリー点 $T_C = 380$ K が得られている[97]．磁気抵抗効果はまず多結晶 SFMO について測定され，結晶粒界を介したスピン依存トンネル効果に伴う磁気抵抗

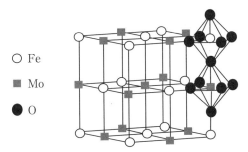

図 5.6　2 重ペロブスカイト Sr_2FeMoO_6 の結晶構造．

効果が観測された．その温度変化は LSMO のものよりかなり緩やかであり，SFMO を用いた MTJ の室温での大きな TMR 比が期待された．しかし，SFMO 膜はアンチサイト欠陥や Fe リッチ寄生相が生じやすく，また水との反応性が高いため，トンネル接合の作製は容易でない．SFMO 膜の上に $SrTiO_3$ (STO) バリア (厚さ 1.6 nm) を介して Co をスパッタして作製された，$SrTiO_3$ (100)/SFMO/STO/Co MTJ において，$T = 4$ K で約 50% の正の TMR 比が得

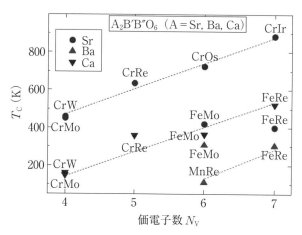

図 5.7 2 重ペロブスカイトのキュリー点の価電子数依存性[94]．

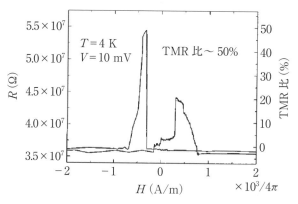

図 5.8 SFMO/STO/Co 接合の 4 K における磁気抵抗曲線[98]．

られている(**図5.8**)[98]．5.1.2節で示したように，STO/Coのスピン分極率は負であるので，上記MTJのTMRが正であることは，SFMOのスピン分極率が負であることを意味し，SFMOの状態密度計算結果と一致している．STO/Coのスピン分極率 $P \sim -0.2$[85] を用いると，Julliereの式からSFMO/STOのPは約100%となり，SFMOのハーフメタル性と一致する．一方，室温のTMRは，STOをバッファ層とするSi(100)基板上にパルスレーザを用いて作製されたSi(100)/SFMO/STO/SFMO MTJについて測定され，約7%のTMR比が報告されている[99]．

5.1.6 ハーフホイスラー合金 NiMnSb

ホイスラー合金は本来$L2_1$構造のCu_2MnAlのような，強磁性金属元素(Fe, Co, Ni)を含まない合金において強磁性を発見した，Heusler[100]に因んで付けられた名前であるが，その後$L2_1$構造をもつX_2YZ合金系を称してホイスラー合金と呼ばれている．一方，$L2_1$構造においてXの一つが空孔で置換された$C1_b$構造(**図5.9**)はハーフホイスラー(half-Heusler)合金と呼ばれ，それに対して$L2_1$構造をもつ合金系はフルホイスラー(full-Heusler)合金と呼ばれるようになった．

NiMnSbは，ハーフメタルであることが最初に理論的に指摘された合金[22]であることから，いろいろな角度から調べられている．局所密度近似を用いた密度汎関数理論に基づき計算された状態密度は，E_Fにおいて少数スピンバン

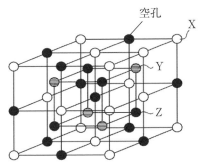

図5.9 $C1_b$構造をもつハーフホイスラー合金の単位胞．

表 5.1 いろいろなハーフメタルの構造と磁気特性.

	δ (eV) (計算)	T_C (K)	M_s (T)	構造
$La_{0.7}Sr_{0.3}MnO_3$	~2	370	0.781	ペロブスカイト
Fe_3O_4	0.76	858	0.603	逆スピネル
CrO_2	1.5	391	0.842	ルチル
Sr_2FeMoO_6	~0.8	415	$3\mu_B$	2重ペロブスカイト
CrAs, MnAs	~0.7	—	0.628	閃亜鉛鉱
NiMnSb	0.63	728	0.929	$C1_b$
Co_2MnGe	0.21	905	1.259	$L2_1$
Co_2MnSi	0.31	985	1.256	$L2_1$

ドにギャップをもち,正のスピン分極率を示す[101].格子定数は $a=0.5984$ nm,磁気モーメントは単位胞当たり $\mu=4\mu_B$/f.u,キュリー点は $T_C \sim 730$ K である.$C1_b$ 構造は単位胞に空孔が存在するため結晶構造的にあまり安定でなく,表面で Sb が拡散しやすい.NiMnSb 薄膜はパルスレーザ(PLD)法やフラッシュ蒸着法などの方法を用いて作製されている.NiMnSb を用いた MTJ はガラス基板および MgO(100) 基板上に,NiMnSb/AlO_x/NiFe が作製されている[102].TMR 比は前者が 77 K で 5.7%,後者は室温で 9% である.NiMnSb を用いた CPP-GMR 素子も作製されているが,その MR 比は 4.2 K で 8% 程度である[103].

最後に,次節で述べるフルホイスラー合金も含め,いろいろなハーフメタル材料の結晶構造と磁気特性をまとめて表 5.1 に示す.

5.2 フルホイスラー合金ハーフメタル[104]

5.2.1 構造と磁気特性

フルホイスラー合金は $L2_1$ 型立方晶の結晶構造(図 5.10(a))をもち,X_2YZ (X,Y は遷移金属元素,Z は Al,Si,Ge,Ga など sp 電子からなる非磁性元素)の化学組成で表され,単位胞に空孔をもつハーフホイスラー合金より構造が安定である.特に X=Co は T_C が高いので,室温ハーフメタル材料として

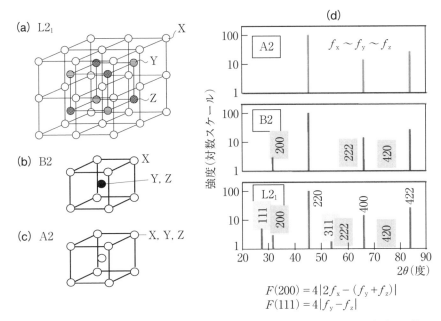

図 5.10 X_2YZ フルホイスラー合金の単位胞：(a) $L2_1$，(b) B2，(c) A2 構造，(d) $L2_1$，B2 および A2 構造に対する理論的 X 線回折像．f_S (S=X, Y, Z) は S 原子による原子散乱因子を表す．

期待され，多くの研究がある[104]．フルホイスラー合金には規則-不規則変態が存在し，X 原子が正位置を占め Y と Z 原子が互いにランダムに置換されると B2 構造（図 5.10(b)）に，X，Y，Z 原子がすべてランダムに置換されると A2 (bcc) 構造（図 5.10(c)）になる．これらの構造は X 線回折 (XRD) により判定することができる．フルホイスラー合金の基本回折線は，逆格子指数 h, k, l が全て偶数，かつ $h+k+l=4n$ (n は整数) である．$L2_1$ 規則線は h, k, l が全て奇数であり，B2 規則線は h, k, l が全て偶数，かつ $h+k+l=4n+2$ である．したがって，$L2_1$ は (111)，B2 は (200) 回折線の存在により判別され，それらのいずれもが観測されなければ A2 構造である．図 5.10(d) に各構造の理論的な XRD パターンを示す．格子定数は，例えば $L2_1$-Co_2MnSi (CMS) の場合には 0.5645 nm であり，B2 および A2 ではその半分になる．A2 構造はハー

フメタルギャップをもたない．B2 構造は一般にエネルギーギャップ Δ の低下をもたらし，組成によってはハーフメタルを示さないものもある．したがって，不規則構造の生成はハーフメタル特性の劣化につながるので，構造を制御することが非常に重要である．構造の制御は主として熱処理温度で可能であり，温度が高いほど $L2_1$ が得られる．しかし，温度が高すぎると，X 原子と Y 原子が互いに置換した DO_3 構造が生成する場合がある．X 原子と Y 原子の原子散乱因子 (f) は近いため，一般に DO_3 と $L2_1$ の違いを XRD では見分けにくい．その対策としては，核磁気共鳴吸収 (nuclear magnetic resonance：NMR) 測定が有効である．

フルホイスラー合金の磁気モーメントはスレーター-ポーリング曲線に従う（図 5.11）[105]．フルホイスラー合金では，少数スピンバンドが単位胞当たり

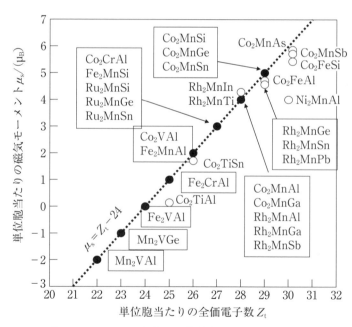

図 5.11　Co 基フルホイスラー合金の単位胞当たりの価電子数に対する，磁気モーメントのスレーター-ポーリング曲線（破線）と実験値．整数を示す黒丸はハーフメタルを意味する[105]．

12個の電子で埋まっている．このとき，単位胞当たりの価電子数をZ_tとすると，多数スピン電子の数はZ_t-12であるから，軌道モーメントの影響を無視すれば，単位胞当たりの磁気モーメントは$\mu_s=(Z_t-12)-12=Z_t-24$で与えられる．これが図5.11に示した破線である．

代表的なCo基フルホイスラー合金の格子定数と磁気特性を**表5.2**に示す．ここで，単位胞当たりの磁気モーメント(μ_s)は計算値であり，Co_2FeSiの括弧内の値は電子相関を考慮して求められた値である．遷移金属・合金系と合わせ，フルホイスラー合金の単位胞当たりの磁気モーメント(μ_s)と価電子数(N_v)の関係，およびキュリー点(T_C)と原子当たりの磁気モーメント(m)の関係をそれぞれ，**図5.12**(a)および(b)に示す[106]．フルホイスラー合金は結晶

表5.2 代表的Co基フルホイスラー合金の格子定数と磁気特性．

	格子定数 a (nm)	単位胞当たりの磁気モーメント $\mu_s(\mu_B)$	キュリー点 T_C(K)
Co_2CrAl	0.5727	3	280
Co_2MnAl	0.5749	4.04	700
Co_2MnSi	0.5645	5.0	985
Co_2MnGe	0.5749	5.0	905
Co_2FeAl	0.5730	4.98	1000
Co_2FeSi	0.5640	5.59(6.0)	1100
Co_2FeGe	0.5738	5.70	1100

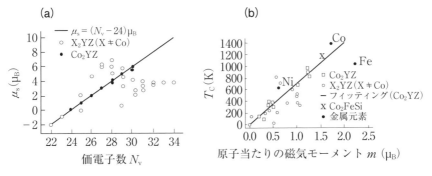

図5.12 (a)フルホイスラー合金の単位胞当たりの磁気モーメント(μ_s)と価電子数(N_v)の関係，(b)T_Cと原子当たりの磁気モーメント(m)の関係[106]．

構造が立方晶であることから予想されるように，磁気異方性が小さく保磁力が796 A/m 未満のソフト磁性を示す．

5.2.2　不規則性の同定

(1)　X 線回折法

フルホイスラー合金の不規則性は，X 線回折像を詳細に解析すればある程度知ることができる．その方法を簡単に示そう．X_2YZ 組成における秩序パラメータ S と α を以下のように定義する．

$$S = r_X + r_Y - 1$$
$$\alpha = r_Y \text{ または } r_Z \tag{5.1}$$

ここで，$r_i (i=X, Y, Z)$ は i サイトが正規の原子で占められる割合を表し，S は A2 から B2 への，α は B2 から $L2_1$ への規則度を表す．この定義に従えば，$L2_1$ 構造は X，Y，Z サイトが全て正規の原子で占められるので，$r_X = r_Y = r_Z = 1$ であり，$S=1$ となる．また，α は 1 または 0 である．一方，B2 構造は，X サイトは正規原子で占められ($r_X=1$)，Y，Z サイトは Y 原子および Z 原子で不規則に占められるので，$\alpha = 0.5$ である．一方，B2 構造における Y サイトは $L2_1$ 構造における Y および Z サイトを意味する．したがって，(5.1)式で Y サイトは Y または Z 原子で必ず占められるので $r_Y = 1$ であり，したがって $S=1$ となる．すなわち，B2 構造は $S=1$，$\alpha=0.5$ である．A2 構造は $r_X = r_Y = 0.5$ であり，$S=0$ となる．S と α は X 線回折における(200)，(111)および基本回折の(220)の強度 $I_{h,k,l}$ を用いて，次式から求めることができる．ここで，exp. は実験値，theory は計算値を意味する[107]．

$$S = [(I_{200}/I_{220})_{\text{exp.}}/(I_{200}/I_{220})_{\text{theory}}]^{1/2}$$
$$(1-2\alpha)S = [(I_{111}/I_{220})_{\text{exp.}}/(I_{111}/I_{220})_{\text{theory}}]^{1/2} \tag{5.2}$$

$Co_2FeAl_xSi_{1-x}$ を例に，構造解析結果を示す．試料はアーク溶解後，規則構造を得るため 400℃($x=0$)および 600℃(その他の x)の温度で 7 日間熱処理されている．各組成の合金の粉末 X 線回折像を**図 5.13**(a)に示す．全ての組成は(111)回折線を示すので $L2_1$ 構造を有するが，その強度は x の増大とともに小さくなり，$L2_1$ 規則度は Al 量の増加とともに低下する．図 5.13(b)は求められた格子定数の x 依存性である．格子定数は Vegard 則に従い，Al 量に

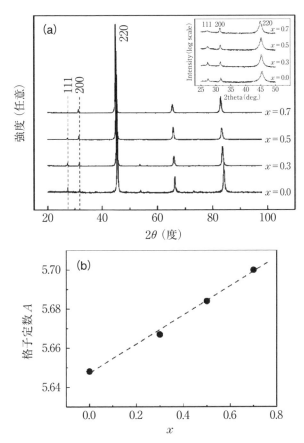

図 5.13 $Co_2FeAl_xSi_{1-x}$ の（a）X 線回折像および（b）格子定数の x 依存性[107].

比例して増大する．(5.2)式から求めた S および α の組成依存性を図 5.14 に示す[107]．いずれも大きな組成依存性は見られず，$S \sim 0.8$, $\alpha \sim 0.2$ であり，バルク材料で完全な $L2_1$ 構造を得ることが難しいことを示唆している．

(2) 核磁気共鳴(NMR)法

X 線回折では，例えば B2 構造において Y 原子と Z 原子が X 原子の周りにどの程度の不規則性をもってどのように分布しているかというような，局所構

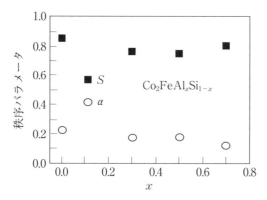

図 5.14 XRD によって求められたバルク $Co_2FeAl_xSi_{1-x}$ の秩序パラメータ S と α の x 依存性[107].

造に関する知見を得ることができない.それを可能にするのが NMR である.特に,^{59}Co 核は自然界に 100% 存在し NMR 強度が非常に強いので,Co 基合金の局所構造の同定に ^{59}Co 核の NMR 測定が非常に有効である.

まず,NMR の原理と測定法を簡単に示す.原子核は電子と同様にスピンをもち,核磁子 μ_N を単位とする磁気モーメントをもっている.μ_N は電子のボーア磁子 μ_B より 3 桁小さいので,核磁子が物質の磁化の強さに直接影響を与えることはない.しかし,核スピンは電子から内部磁場(あるいは超微細磁場とも言う)H_F(hyperfine field)を受け,その周りに歳差運動を行う.歳差運動の角周波数を ω_0 とすれば,$\omega_0 = \gamma_N H_F$, $\gamma_N = g_N \mu_N / \hbar$ で与えられる.ただし,g_N は原子核の g 因子,$\hbar$ はプランク定数$/2\pi$ である.したがって,外部から周波数 f の高周波を加え,$\omega = 2\pi f$ が ω_0 に等しいとき共鳴状態となり,吸収ピークが得られる.強磁性金属では一般に内部磁場が広がっているため,通常,NMR 測定にはスピンエコー法が用いられる.

スピンエコー法の原理と測定系のブロックダイヤグラムを図 5.15 に示す.(a)は内部磁場(z 軸)の周りの核スピンの歳差運動が,x 軸方向に加えた高周波磁場 H_1 によって x-y 面内に傾いていく様子を示している.(b)はスピンエコー法の原理図である.角周波数 ω の高周波を重畳させたパルス幅 t_w の 90° パルスを加えると,最初 z 方向を向いていた核磁気モーメント M_N は x 方向

5.2 フルホイスラー合金ハーフメタル

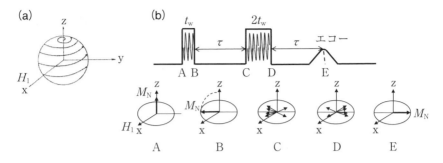

(c) NMR 測定のブロックダイヤグラム

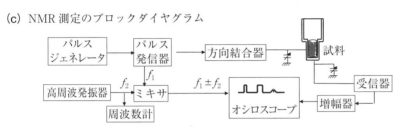

図 5.15 （a）および（b）はスピンエコー法の原理，（c）は NMR 測定法のブロックダイヤグラム．

に倒れる．その後パルスが加えられない時間の間，異なる内部磁場を受けているそれぞれの核磁気モーメントは x-y 面内で散らばる．τ 時間後に $2t_w$ パルスを加えると M_N は 180°回転し，その後 τ 時間後には散らばっていた M_N がそろい，それがスピンエコーとして磁気誘導信号を発生する．（c）は測定系のブロックダイヤグラムである．試料は高周波が金属内部に侵入しやすいように通常，粉末あるいは薄膜が使用される．クライオスタットを使用すれば，NMR の温度変化を測定することができる．

以下，測定例を示す．図 5.16（a）はバルク $L2_1$-Co_2FeSi(CFS)粉末の 4.2 K における，スピンエコー法で測定された ^{59}Co 核の NMR スペクトルである[108]．合金はアーク溶解後 1200°C で溶体化され，さらに 400°C で熱処理されており，X 線回折で(111)回折線が認められ，$L2_1$ 構造が確認されている．挿入図は，$L2_1$ 構造における Co 原子の周りの第 1(4 個の Fe と 4 個の Si)および第 2(6 個の Co)近接原子の局所配置を示している．$L2_1$ では単位胞中の Co サ

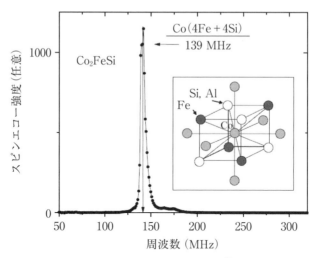

図 5.16 L2$_1$ 構造を有するバルク Co$_2$FeSi 中の ^{59}Co 核の NMR スペクトル[108].

イトは結晶学的にすべて同一なので，一つの共鳴ピークをもつ NMR スペクトルが期待され，それが 139 MHz に観測されている．より高周波側に見られる二つの微弱な共鳴ピークは，わずかな Fe アンチサイト（Si サイトを過剰に Fe が占有）の存在によるものであり，試料の組成が Fe リッチであることを示唆している．

同様の NMR 測定を，Co$_2$FeAl$_{1-x}$Si$_x$ バルク試料について系統的に行った結果を，**図 5.17**(a)に示す[109]．Al 置換量とともに主共鳴周波数は高周波側にシフトし，サテライトピーク数も増えていく．このことは，Fe-Al アンチサイトが生成しやすいことを意味している．図 5.17(a)のスペクトルを再現するように計算された，各組成に対する Fe-Al アンチサイト含有量を図 5.17(b)に示す[109]．Si 量とともにアンチサイトの濃度は急速に減少しており，Si 原子は正規位置を占有することが示唆される．重要なことは，CFS および CFA のいずれの場合も Fe と Co が置換するような，DO$_3$ 型の不規則性は観測されていないことである．このことは，Co$_2$FeAl$_{1-x}$Si$_x$ フルホイスラー合金では Co 原子は正規位置を占め，DO$_3$ タイプの不規則性は出現し難いことを意味してい

5.2 フルホイスラー合金ハーフメタル

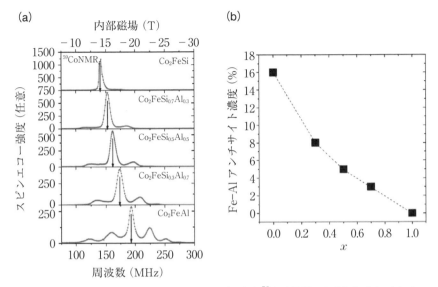

図 5.17 バルク $L2_1$-$Co_2FeAl_{1-x}Si_x$ における ^{59}Co NMR スペクトル(a)および Fe-Al アンチサイト濃度の Si 量依存性(b)[109].

る．このように NMR 測定は，Co 原子の周りの局所原子配置に関する知見を与え，磁性並びに構造解析に非常に有用である．

5.2.3 電子構造

フルホイスラー合金のスピン分解状態密度は，第一原理計算によっていろいろな系について求められている[106],[107]．一例として，$L2_1$ 構造を有する $Co_2FeAl_xSi_{1-x}$(CFAS)について図 5.18 に示す[107]．明らかに少数スピンバンドにギャップが見られる．バンドギャップの大きさは Al-Si 組成に依存しない．しかし，フェルミ準位 E_F は，$x=0$(Co_2FeSi)では少数スピンバンドの伝導帯の下端近くにあり，その位置は x の増大とともに低エネルギー側にシフトし，$x=1$(Co_2FeAl)では価電子帯の上端近傍に位置する．これは，ギャップの大きさを維持したまま E_F を組成で制御できることを意味し，フルホイスラー合金の大きな特徴の一つである．実用的には，ギャップ内の E_F の位置は TMR の温度変化に大きく影響し，E_F はできるだけギャップの中央に位置す

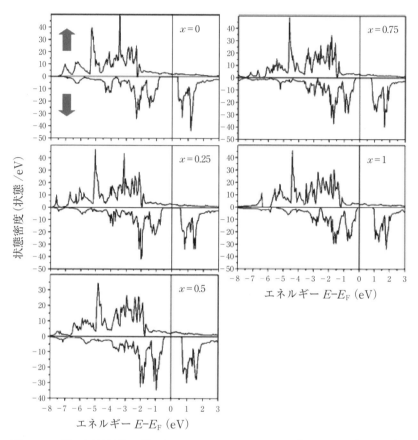

図 5.18 第一原理計算で得られた $Co_2FeAl_xSi_{1-x}$ のスピン分解状態密度[107].

ることが望ましい.図 5.18 では E_F は,$x=0.25 \sim 0.75$ でギャップ中央にある.CFAS の特徴は,↑スピンバンドの E_F 近傍の広いエネルギー範囲に渡って,状態密度が小さくかつフラットなことである.これは Co_2MnSi などの Co_2MnZ 系と異なる.

フルホイスラー合金を用いた MTJ の TMR 特性を理解するためには,フルホイスラー合金のバンド分散関係を知ることが必要である.Co_2FeAl(CFA)を例にそれを示す.図 5.19 は,B2 構造をもつ CFA の [001] 方向のバンド分

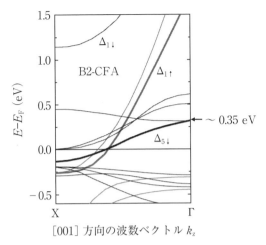

図 5.19 B2-Co_2FeAl(CFA) の [001] 方向のバンド分散[110].

散を示したものである[110]. Δ_1 バンドは[001]方向に沿ってハーフメタリックである. したがって, MgO バリアと B2-CFA を用いたエピタキシャル MTJ において, コヒーレントトンネル効果による TMR のエンハンスが期待される. さらに, ↓スピンバンドには E_F において Δ_5 のみが存在する. このようなバンド分散は, 第 4 章で示した, E_F において↑スピンバンドには Δ_1 のほかに Δ_5 が, ↓スピンバンドには Δ_5 の他に Δ_2 と $\Delta_{2'}$ が存在する bcc-Fe の場合よりも単純である. したがって, エピタキシャルトンネル接合において, P 状態では Δ_1 電子のみが, AP 状態では Δ_5 電子のみがトンネル可能であり, スピン依存コヒーレントトンネル効果による TMR のエンハンスは, B2-CFA の方が bcc-Fe よりも大きくなることが期待され, 後述されるように実際にそのような結果が得られている.

5.2.4 ダンピング定数

Co 基フルホイスラー合金は, ダンピング定数が小さいことでも知られている. 図 5.20(a)は, FMR 測定によって求められた, $Co_2Fe_xMn_{1-x}Si_x$(CFMS) の室温におけるギルバートダンピング定数 α の組成依存性[111]である. CFMS

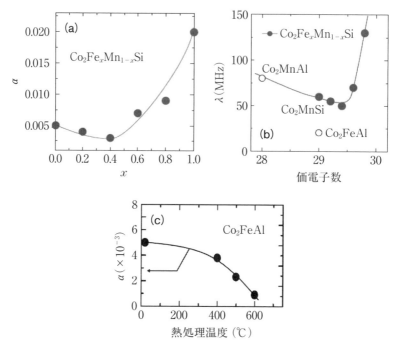

図 5.20 （a）$Co_2Fe_xMn_{1-x}Si_x$（CFMS）のギルバートダンピング定数 α の x 依存性，（b）各種 Co 基フルホイスラー合金の λ の価電子数依存性[111]，（c）Co_2FeAl の α の熱処理温度依存性[113]．

では組成 x によって E_F がシフトし，そのため E_F における状態密度 $D(E_F)$ は x に依存する．図 5.20(a) の挙動はそれを示すものと理解されている．LLG 方程式(2.7)において，$\lambda = \alpha\gamma M_s$ と置けばランダウリフシッツ（LL）方程式になり，λ はスピン軌道相互作用定数 ξ と $D(E_F)$ を用いて $\lambda \propto \xi^2(D^\uparrow(E_F) + D^\downarrow(E_F))$ と表せる[112]．図 5.20(b) は λ といろいろな Co 基フルホイスラー合金の単位胞当たりの価電子数の関係を示している[111]．λ は $D(E_F)$ の小さいハーフメタル組成近傍で極小を示しており，上記関係と一致する．特に，Co_2FeAl は非常に小さな λ を示す．図 5.18 に示したように，$Co_2FeAl_xSi_{1-x}$（CFAS）では E_F 近傍の多数スピンバンドの状態密度がフラットで，かつ小さいため，$(D^\uparrow(E_F) + D^\downarrow(E_F))$ が小さいことがその原因と考えられる．図 5.20

(c)はCFAのαの熱処理温度(T_a)依存性である[113]．T_aの増大に伴いB2およびL2$_1$構造が発達し，L2$_1$構造が得られる$T_a = 600$℃で$\alpha \sim 0.001$を示す．この値はCo基ホイスラー合金の中で最小である．CFAのαはB2構造でも~ 0.002と小さい[114]．

5.3　Co基フルホイスラー合金を用いたMTJ

5.3.1　TMRが観測されるまでの簡単な経緯

5.2節で見られたように，酸化物系ハーフメタルやNiMnSbハーフメタルを用いた場合，室温でのTMR比は10％未満しか得られず，1990年代，ハーフメタルを用いて巨大TMRを実現することは悲観的であり，研究者も非常に少なかった．当時，フルホイスラー合金についてもCo$_2$MnSi(CMS)やCo$_2$MnGe(CMG)に関して構造および磁性の研究が行われていたが，スピントロニクスの観点からは注目されず，MTJに関する報告はなかった．このような状況から，当時ハーフメタルは現実的な材料とは見なされていなかった．

フルホイスラー合金を用いて室温TMRの観測に最初に成功したのは2003年であり，Co$_2$Cr$_{0.6}$Fe$_{0.4}$Al(CCFA)を用いてであった[23]．このときのMTJはSiO$_2$基板/CCFA/AlO$_x$/CCFAでAlO$_x$バリアを用いており，バッファ層を使用することなくアモルファスSiO$_2$基板上に直接作製された．成膜は真空度があまり良くない(10^{-4} Pa程度)マグネトロンスパッタを用いて行われたにもかかわらず，室温で16％のTMR比が再現よく得られた．さらに重要なことは，X線回折測定の結果，CCFAはB2構造であったことである．当時，L2$_1$構造のCCFAはハーフメタルであるという計算がなされていたが，B2構造は計算されておらず注目されていなかった．すなわち，フルホイスラー合金を用いて大きなTMR比を得るためには，L2$_1$構造が必須であると考えられていた．上記TMRの報告後，B2構造のCCFAも大きなスピン分極率をもつことが理論的に明らかにされた[115]．B2構造の可能性が見出されたことは，後の研究に大きなインパクトを与えた．

これらの報告を契機に，フルホイスラー合金を用いたMTJの研究が一躍注目されるようになった．CCFAを含め，現在までフルホイスラー合金を用いた

MTJ が系統的に研究されている系は，Co_2FeZ 系と Co_2MnZ 系であり，$Co_2Fe_xCr_{1-x}Al$[116),117]，$Co_2FeAl_{1-x}Si_x$[116),118]，$Co_2MnAl_xSi_{1-x}$[119]，$Co_2Mn_{1-x}Fe_xSi$[120] などがある．このうち大きな TMR 比が得られ，広く研究がなされている典型的なフルホイスラー合金は，Co_2FeAl(CFA)，$Co_2FeAl_{0.5}Si_{0.5}$(CFAS)，Co_2MnSi(CMS) および $Co_2Mn_{0.89}Fe_{0.14}Si$(CMFS) である．以下，これらについて概要を述べる．なお，Co-Fe 系および Co-Mn 系フルホイスラー合金の主な違いは，TMR の温度変化である．

5.3.2　Co_2FeAl を用いた MTJ

Co_2FeAl(CFA) は，$L2_1$ 構造を得るためには 550℃以上の高温での熱処理を必要とする一方，400℃程度の比較的低い熱処理温度で規則度の高い B2 構造を容易に得ることができるという特徴をもつ．図 5.19 において，B2-CFA は MgO(100) バリアを用いることで，コヒーレントトンネル効果によって大きな TMR 比が期待されることを示した．CFA は MgO との格子ミスフィットが 3.8% と，Co 基フルホイスラー合金の中で最も小さい．そのため，CFA 層の上に欠陥の少ない良質の MgO バリアをスパッタ法で作製することができる．量産プロセスで多用されているスパッタ法のみで MTJ を作製できることは，実用上大きな利点である．通常，電極にフルホイスラー合金を用いる MTJ では，MgO バリアは電子ビーム蒸着法で作製されている．以下，実験結果を示す．

（1）　コヒーレントトンネル効果の観測

下部電極に B2-CFA を用いた図 5.21（a）に示す積層構造の交換バイアス型 MTJ を，MgO(100) 基板上にマグネトロンスパッタ法を用いて作製した．MgO バリアをスパッタで成膜する前に，下部 CFA の酸化を防止するため，0.1〜0.2 nm 厚の Mg 超薄膜を成膜している．以下，特に断りのない限り同様である．Cr はバッファ層であり，上部電極 FM は CFA あるいは bcc-CoFe である．いずれも下部 CFA は成膜後 $T_a = 480$℃で熱処理され，B2 構造が確認されている．また，交換バイアスを付与するため，全ての積層膜は成膜後に $T_H = 440$℃で磁場中熱処理されている．それぞれの MTJ の TMR 比の温度変化を図 5.21（b）に示す[121]．同図には参考のため，上・下電極に CoFe を用いた，

5.3 Co基フルホイスラー合金を用いたMTJ

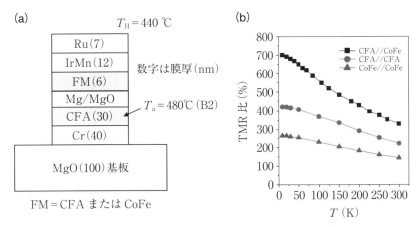

図5.21 MgO(100)基板上に作製された，CFAを用いた交換バイアス型MTJの(a)積層構造および(b)TMR比の温度依存性[121].

MgO(100)/CoFe/MgO/CoFe/IrMn/Ru MTJ についても示している．得られた室温/10 K における TMR 比は，CFA//CoFe，CFA//CFA，CoFe//CoFe に対してそれぞれ，330%/700%，225%/420% および 188%/270% である．

CFA/MgO/CFA と CoFe/MgO/CoFe の TMR 比の比較から，明らかに CFA の方が CoFe より大きな P を有していることがわかる．しかし，CFA/MgO/CFA の TMR 比は CFA/MgO/CoFe のものより小さい．この一見矛盾する結果は，MgO バリア上に CFA を積層した場合，格子ミスフィットにより界面および MgO バリア内に多くの構造欠陥が生じ，コヒーレントトンネルが抑制されることに起因している．界面構造を改善するため，MgO バリア上に 0.5 nm 厚さの CoFe 層を成膜し，その上に CFA 層を積層した CFA(30)/MgO(1.8)/CoFe(0.5)/CFA(0.5) MTJ の TMR 比は，**図5.22**(a)に示すように，10 K で 785%，室温で 360% と，図 5.21 の値よりかなり大きい．これは，薄い CoFe 層を設けたことで界面欠陥量が減少し，コヒーレント効果が顕著になったためであり，CFA の P は CoFe のそれよりも大きいことを反映している．図 5.22(b)に示した同 MTJ の微分コンダクタンス(dI/dV)のバイアス電圧依存性はかなり対称的であり，MgO を挟む上・下の界面電子構造が類似していることを示唆している．なお，薄い CoFe 層を挿入しない場合には，上部

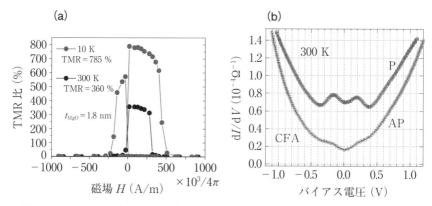

図 5.22　Cr/CFA (30)/MgO (1.8)/CoFe (0.5)/CFA (0.5)/IrMn/Ru MTJ の（a）10 K および室温における TMR 曲線および（b）微分コンダクタンスのバイアス電圧依存性[121].

界面の乱れを示唆してかなり非対称である．dI/dV はまた，±0.3 eV 近傍で極小を示しており，それは図 4.23 における Fe 電極の場合よりも明瞭である．

（2）　MgO バリア厚さ依存性

バリアの厚さは MTJ の抵抗に直結するので，その調整は応用上重要である．MgO (100) 基板/Cr/CFA (30 nm)/MgO (t_{MgO})/CoFe (5 nm)/IrMn 交換バイアス型 MTJ の，室温における TMR 比の t_{MgO} 依存性を図 5.23 に示す[122]．コヒーレントトンネル効果のメカニズムから予想されるように，TMR 比は t_{MgO} の低下とともに減少する．しかし，$t_{MgO}=0.8$ nm の低抵抗 MTJ においても，TMR 比は 150% を維持している．さらに，CFA の厚さが 2.5 nm と薄い MTJ においても，$RA=5$ Ω·μm^2 の低抵抗と 100% を超える TMR 比が得られている．これに加え，アモルファス熱酸化 Si 基板上でも大きな TMR 比が得られるので[122]，B2-CFA は実用的なホイスラー合金であると言える．

5.3.3　$Co_2FeAl_{0.5}Si_{0.5}$ (CFAS) を用いた MTJ
（1）　スピネルバリアの発見

図 5.18 に示したように，L2$_1$-CFAS はバンドギャップが約 1 eV で，E_F が

5.3 Co 基フルホイスラー合金を用いた MTJ

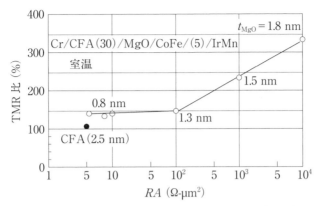

図 5.23 MgO (100)/Cr/CFA (30 nm)/MgO (t_{MgO})/CoFe (5 nm)/IrMn MTJ の TMR 比の MgO バリア厚さ依存性[122].

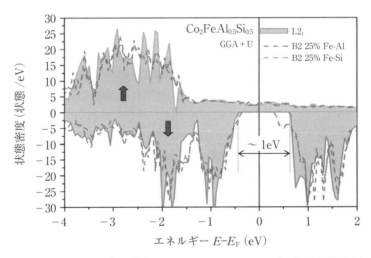

図 5.24 L2$_1$ および B2 構造の Co$_2$FeAl$_{0.5}$Si$_{0.5}$ のスピン分解状態密度.

少数スピンバンドのギャップ中央に位置するハーフメタルである.拡大したより詳細な図を図 5.24 に示す.図には Fe と Al または Fe と Si が互いに置換した B2 構造についても破線で示しており,いずれもギャップは 0.7 eV 程度と L2$_1$ に比べやや小さいものの,ハーフメタルを維持している.また,この系は

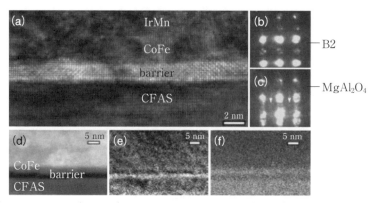

図 5.25 CFAS/(Mg-Al)O_x/CoFe/IrMn MTJ の電子顕微鏡で観察された構造.(a)断面の高分解透過電子顕微鏡像,(b)CFAS の電子線回折像,(c)バリアの電子線回折像,(d)高角散乱環状暗視野走査透過顕微鏡(HAADF-STEM)像,および EELS による(e)Al および(f)Co 元素のマップ像[24].

E_F 近傍の多数スピンバンドの状態密度が,広いエネルギー範囲に渡ってフラットで小さいという特徴をもち,Co-Mn 系との明確な違いを示している.図 5.20 に示したように,これがこの系のダンピング定数($\alpha = 0.0025$)が小さい原因の一つと考えられる.

CFAS のハーフメタル性を実験的に検証するため,マグネトロンスパッタ装置を用いて,MgO(100)基板/Cr(40)/CFAS(80)/(Mg-Al)O_x/CoFe(3)/IrMn(10)/Ru(7)(膜厚,nm)の交換バイアス型 MTJ が作製された[24].ここで(Mg-Al)O_x はバリアであり,(0.7)Mg/(1.3)Al の 2 層を成膜後,酸素と Ar の雰囲気下でプラズマ酸化により作製されている.下部 CFAS 層は成膜後 430℃で熱処理され,B2 構造であることが XRD で確認されている.**図 5.25** に断面の透過電子顕微鏡(TEM)像(a),電子線回折像((b)および(c)),高角散乱環状暗視野走査透過顕微鏡(HAADF-STEM)像(d)および電子エネルギー損失分光(EELS)法による元素マップ((e)および(f))を示す[24].バリアは予想に反して結晶化しており,$MgAl_2O_4$ のスピネル構造をもち,積層膜はエピタキシャル成長している.この積層膜をフォトリソとイオンミリングに

5.3 Co基フルホイスラー合金を用いたMTJ

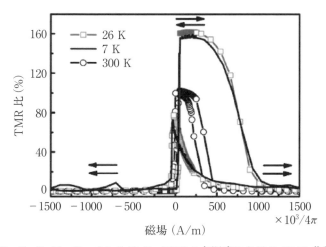

図5.26 $Co_2FeAl_{0.5}Si_{0.5}$/MgO/CoFe MTJの各温度におけるTMR曲線[24].

よって微細加工した後,全体を290℃で磁場中熱処理したときの,低温および室温におけるTMR曲線を図5.26に示す.TMR比は26 Kで162%,室温で102%である[24].

バリアがスピネル構造をもつことは,予想を超えた発見であり,(0.7)Mg/(1.3)Alの2層膜を熱処理した際に生成したものである.$MgAl_2O_4$は格子定数が0.809 nmで,bcc-CoFeやフルホイスラー合金との格子マッチングが非常によく,Δ_1エバネスセント状態も存在するので,エピタキシャル成長によってスピン依存コヒーレントトンネルによるTMRのエンハンスが期待される.しかし,4.2.3節で示されたように,規則化したスピネルの格子定数はCFASの約2倍であるため,バンドの折りたたみ効果(band-folding effect)により,AP状態でもΔ_1電子のトンネルが可能になるため,Δ_1バンドがハーフメタリックにならず,コヒーレントトンネル効果だけではTMRの大きなエンハンスは期待できない.これを考慮して,CFASのスピン分極率Pを見積もってみよう.低温のTMR比162%とCoFeのスピン分極率$P\sim0.5$を用いるとJullièreの式から,CFASのPとして低温で0.91が得られる.この大きなP値は,B2-CFASがハーフメタルであることを示唆しており,図5.24の状態密度の計算と一致している.

（2）$Co_2FeAl_{0.5}Si_{0.5}$ のハーフメタルの検証

微分コンダクタンス dI/dV は状態密度に比例するので，その測定から電極の電子状態に関する情報を得ることができる．上記 MTJ の 7 K および室温における，P および AP 状態の dI/dV のバイアス電圧依存性を図 5.27（a）に示す[24]．P 状態を見ると，7 K において負バイアス側の 0〜−350 mV の範囲で dI/dV にプラトーが観測され，それは正バイアス側では観測されない．この実験では負バイアスは，電子が下部 CFAS から上部 CoFe へトンネルすることに相当している．CFAS がハーフメタルであるとすれば，E_F から少数スピン（↓）の価電子帯のトップに対応するバイアス電圧までは↓スピン電子のトンネルへの寄与がないため，電圧を上げてもトンネル電子はなく上記プラトーの出現が期待される（図 5.27（b））．一方，正バイアスにおいては，ハーフメタルではない CoFe 電極内でスピンフリップが可能なので，CoFe の↓スピンはスピンフリップして CFAS の↑スピンバンドにトンネルすることができる．その確率はバイアス電圧とともに大きくなるので，コンダクタンスは電圧とともに単調増大し，プラトーは現れない．

上記プラトーは室温でも観測されており，かつそのエネルギー範囲は低温に比べ 26 meV だけ小さく，これは室温のエネルギーに相当する．プラトーの存

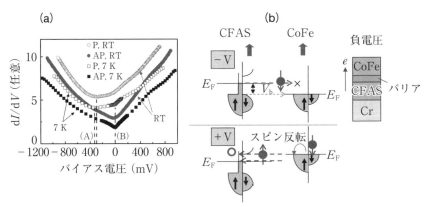

図 5.27　$CFAS/MgAl_2O_4/CoFe$ MTJ における（a）7 K および室温における微分コンダクタンスのバイアス電圧依存性と（b）プラトー出現の説明図[24]．

在は大きな P と合わせ，CFAS のハーフメタル性の検証になっており，B2-CFAS は室温でもハーフメタルギャップを有することを示している．また，E_F がギャップ中央にあるとすれば，図 5.27（a）で観測されるギャップの値は約 0.7 eV となり，図 5.24 に示した B2-CFAS の状態密度に合致している．

（3） TMR の温度依存性

良質のエピタキシャル MTJ ではスピンに依存しないトンネル成分はほとんど無視でき，コンダクタンスの温度変化は直接弾性トンネルのみで記述できる．この場合，コンダクタンス G はトンネルスピン分極率 P を用いて(5.3)式で与えられる．

$$G(T) = G_T[1 + P_1(T)P_2(T)\cos\theta] \qquad (5.3)$$

ここで θ は二つの磁性電極の磁化のなす角度，G_T は温度による E_F 近傍のエネルギーの広がりに関する係数である．P の温度変化は界面磁化と同様に，スピン波励起の Bloch の式((5.4)式)で記述できるとする．

$$P = P_0(1 - \alpha T^{3/2}) \qquad (5.4)$$

以下，$MgAl_2O_4$ を MAO と記載する．上記 CFAS/MAO/CoFe および CoFe/MAO/CoFe MTJ に対する，TMR の温度変化を **図 5.28** に示す．挿図は，MgO(100)基板/Cr/CFAS(30 nm)膜に対する磁化の温度変化である．まず挿図について見ると，ドット（●）は実験値，実線はスピン波理論 $M(T) = M(0)(1 - \alpha T^{3/2})$ を用いて計算された曲線である．両者はよく一致しており，磁化の温度変化はスピン波（マグノン）励起で説明できることがわかる．実験に対するフィッティングから，温度係数 $\alpha = 4.3 \times 10^{-6}$ が得られる．P の温度変化に対してスピン波理論が適用できると仮定し，(5.4)式を Juliere の式 $TMR = 2P_1P_2/(1 - P_1P_2)$ に代入すると，TMR の温度変化が図の実線のように求められる．■および▲は実験値であり，いずれもスピン波理論でよくフィッティングできる．

CoFe/MAO/CoFe の場合，CoFe の P はバリアの上・下で同じと仮定してフィッティングでき，$P_0(\text{CoFe}) = 0.493$, $\alpha(\text{CoFe}) = 2.0 \times 10^{-5}$ が得られる．この α 値は磁化の温度変化から求めた値より 1 桁大きい．原因は，TMR の温度変化には界面の磁化の熱揺らぎが寄与しており，バルク磁化に比べそれが大き

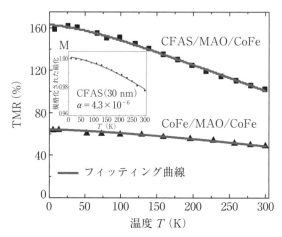

図 5.28 Cr/CFAS/MAO/CoFe および Cr/CoFe/MAO/CoFe MTJ の TMR の温度変化. 実線は磁化およびスピン分極率の温度変化に対してスピン波理論を適用して得られた曲線. 挿図は CFAS 薄膜の磁化の温度変化[24].

いためである. CFAS/MAO/CoFe については, CoFe/MAO/CoFe における上記 P_0(CoFe) = 0.493, および α(CoFe) = 2.0×10^{-5} を用い, P_0(CFAS) = 0.91, α(CFAS) = 3.2×10^{-5} のとき実験をフィッティングできる. この α 値は CoFe に対する値の 1.6 倍である. 両者の違いは T_C の違いのみでは理解できず, ラフネスなど界面構造の違いを反映しているものと考えられる. 将来, 室温で 500% を超えるような巨大 TMR を得るためには, より小さな α を実現する必要がある.

以上, B2 構造の CFAS は $L2_1$ 構造と同様にハーフメタルであること, TMR の温度変化は界面における磁化のスピン波励起で説明できることを示した. また, 低温から室温までの広い温度範囲に渡って, 一つの温度係数 α を用いたスピン波理論で TMR の温度変化を説明できた. これは CFAS のバンドギャップが室温に比べ十分大きいことを示唆しており, 図 5.24 の状態密度の計算結果と合致している. CFAS のハーフメタル性を利用して, 上・下電極に CFAS を用いたエピタキシャル MTJ を作製すれば, 非常に大きな TMR が期待される. これまで, MgO(100)基板/Cr/CFAS/MgO/CFAS MTJ が作製

され，低温で835%（$P=0.90$ に相当），室温で386%（$P=0.81$ に相当）の大きな TMR 比が報告されている[123]．この温度変化を上・下電極の P が同じと仮定してスピン波理論でフィッティングすると，α(CFAS)$=1.92\times10^{-5}$ が得られ，図5.28の値より小さい．この MTJ は分子線エピタキシー(MBE)法を用いて作製されており，そのため良質な界面構造が実現しているものと思われる．

5.3.4　Co$_2$MnSi を用いた MTJ

Co$_2$FeZ 系フルホイスラー合金に対比されるフルホイスラー合金として，Co$_2$MnZ 系がある．その中で，Co$_2$MnSi(CMS)は，理論的にハーフメタルであることが最初に予言されたフルホイスラー合金であることから，最も早くから研究がなされた．しかし，当初は成膜装置の真空度が悪く，また多結晶膜が作製されていたこともあり，大きな TMR 比は得られなかった．CMS が大きく注目を集めるようになったのは，MgO(100)基板上に作製された Cr/CMS/(Al-Mg)O$_x$/CMS MTJ において，低温で570%の TMR 比が報告[124]されて以降である．その後 MgO バリアを用いた MTJ がいくつかの研究機関で作製され，低温でコヒーレントトンネル効果に基づく，非常に大きな TMR 比が観測された．TMR 比はバッファ層や熱処理温度に大きく依存し，大きな TMR 比は L2$_1$ 構造を示す $T_a=550$℃以上の温度で得られる[125]．一方，B2 構造の CMS を用いた MTJ では，大きな TMR 比が得られていない．

CMS の組成は TMR 比に大きく影響し，化学量論組成よりも Mn リッチに設計することで，TMR 比は大幅に改善される[126]．これは，Co アンチサイトがハーフメタルを壊すという，Picozzi らの理論予測[127]を裏づける結果となっている．このような組成制御を行った CMS を用いて，CoFe(Co$_{50}$Fe$_{50}$)層をバッファとする MgO(100)基板/MgO(10)/CoFe(30)/CMS(3)/MgO(1.4～3.2)/CMS(3)（膜厚，nm）を用いた交換バイアス MTJ において，CMS 層を500～550℃で熱処理することで，4.2 K で1800～1995%という巨大な TMR 比が得られている[128]．しかし，室温の TMR 比は330～350%に大きく低下する．低温での大きな TMR 比は，MgO バリアが EB 蒸着法で作製されていることに加え，CMS との格子ミスマッチが0.8%と小さい CoFe バッファ層を用

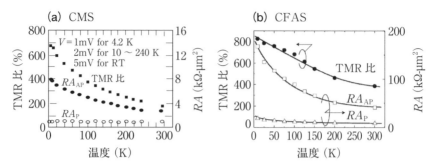

図 5.29 (a)CMS(50)/MgO(2-3)/CMS(5)MTJ[124]および(b)CFAS(30)/MgO(1.8)/CFAS(5)MTJ[123]の TMR 比, RA_{AP} および RA_P の温度変化.

いたことで, CMS と MgO バリアの界面の転位密度が減少し, CMS のハーフメタル性とコヒーレントトンネル効果が改善された結果と考えられている. Mn の一部を Fe で置換した $Co_2Mn_{0.89}Fe_{0.14}Si$(CMFS)を用いた MTJ ではさらに TMR 比が向上し, 4.2 K で 2610%(P_0 = 0.96 に相当)というほぼ完全なハーフメタル特性が得られている. しかし, 室温では 429% と, CMS と同様に大きく低下する[120].

図 5.29 に CMS(a)と CFAS(b)を用いた MTJ の TMR 比, および RA_P と RA_{AP} の温度変化を示す. (a)は, MgO(100)単結晶基板上に MgO バッファを用いて作製された, MgO/CMS(50)/MgO(2-3)/CMS(5)である[124]. 下部 CMS は T_a = 600℃で, 上部 CMS は 550℃で熱処理され, 電子線回折によりいずれも $L2_1$ 構造であることが確認されている. (b)は MgO(100)単結晶基板上に Cr バッファを用いて MBE で作製された, Cr/CFAS(30)/MgO(1.8)/CFAS(5)MTJ の TMR 比の温度変化であり, CFAS は B2 構造である[123]. (a)および(b)のいずれの場合も R_P の温度変化は小さく, TMR 比は(a)では 4 K で 705%, 室温で 182%, (b)では 9 K で 832%, 室温で 386% であり, 温度変化は明らかに CMS の方が非常に大きい. CMS(および CMFS)を用いた MTJ の TMR 比の大きな温度変化の要因として, CMS の交換スティフネス定数が小さいことに起源を求める考えがある. 特に, CMS/MgO 界面での Co 原子の交換エネルギーの低下が指摘されている[129]. 交換スティフネス定数は

5.3 Co 基フルホイスラー合金を用いた MTJ

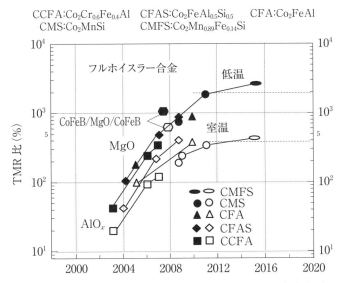

図 5.30 AlO_x あるいは MgO バリアと各種フルホイスラー合金を用いて作製された MTJ の TMR 比の変遷.

原子スピン間の交換相互作用に比例し，それが小さいと磁化が揺らぎやすく α が小さくなり，TMR は温度とともに大きく低下することが考えられる．

この節のまとめとして，AlO_x あるいは MgO バリアと各種 Co 基フルホイスラー合金を用いて作製された MTJ で得られた，TMR 比の変遷を図 5.30 に示す．

5.3.5 スピネルバリア

スパッタ法を用いて，MgO バリアの上・下にフルホイスラー合金を用いた MTJ で大きな TMR 比を得ることは難しい．なぜなら，MgO とフルホイスラー合金との格子ミスフィットが大きいため，EB 蒸着よりもエネルギーの大きいスパッタ粒子によって界面およびバリア内に転位などの構造欠陥が多く生成し，フルホイスラー合金の界面でのハーフメタル性が破壊するとともに，コヒーレントトンネル効果が抑制されるからである．一方，スピネルバリアはフルホイスラー合金との格子ミスフィットが非常に小さいため，4.2.3 項で述べ

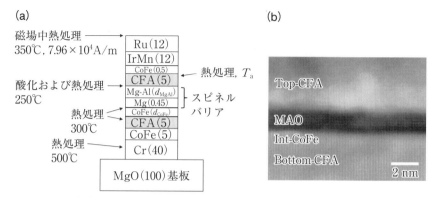

図 5.31 （a）作製した MTJ の積層構造，（b）$d_{\mathrm{CoFe}} = 0.5$ nm，$T_{\mathrm{CFA}} = 550℃$ に対する CFA/CoFe/MAO/CFA 部の断面の環状暗視野走査透過電子顕微鏡（ADF-STEM）像[130]．

たように，スパッタ法で欠陥の少ないエピタキシャル MTJ の作製が可能である．図 5.26 では，下部電極にのみフルホイスラー合金を用いた，CFAS/MgAl$_2$O$_4$/CoFe(100)MTJ において，B2-CFAS はハーフメタルであることが検証された．ここではスピネルバリアを使用して，上・下電極に CFA フルホイスラー合金を用いた MTJ の TMR 特性を示す．

スパッタ法で作製した MTJ の積層構造を，図 5.31(a) に示す．界面構造を改善するため，スピネルバリアと下部 CFA の間に薄い CoFe(膜厚 d_{CoFe})を挿入している．図 5.31(b) は $d_{\mathrm{CoFe}} = 0.5$ nm，熱処理温度 $T_{\mathrm{CFA}} = 550℃$ に対する，CFA/CoFe/MAO/CFA 部の断面の環状暗視野走査透過電子顕微鏡（ADF-STEM）像である[130]．MAO はスピネルバリアを意味する．界面にも転位が見られない，完全に格子整合した積層構造を示している．図 5.32 は各層のナノ電子ビーム回折（NBD）の解析結果である．MAO には {220} 面からの回折が見られることから，MAO はスピネル規則相を有する．CFA はいずれも B2 構造であるが，上部 CFA の方が高い規則度を示している．下部 CFA の B2 規則度が弱いのは，CFA 中の Al が上部 CoFe およびバリア内に拡散しているためである．実際，CoFe と MAO の界面は，CoFe が本来 bcc であるにもかかわらず，弱い B2 構造を示している．

5.3 Co基フルホイスラー合金を用いたMTJ

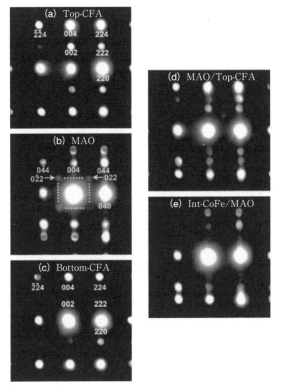

図 5.32 作製した MTJ の $T_{CFA} = 550$℃に対する,下部 CFA/CoFe(0.5 nm)/MAO/上部 CFA 積層部のナノ電子ビーム回折(NBD)の解析結果[130].

TMR 比および RA の d_{CoFe} 依存性が調べられ,上部 CFA まで積層した後の熱処理温度(T_{CFA})が 550℃のとき,$d_{CoFe} = 0.5$ nm に対して最大の TMR 比(低温で 616%,室温で 340%)が得られた[130]. 一方,RA は d_{CoFe} の増加とともに単調に低下し,CoFe 層の挿入は界面抵抗の低減に寄与している. このように大きな TMR 比が得られた原因は,$d_{CoFe} = 0.5$ nm の薄い CoFe の挿入により界面の電子状態が改善されたことに加え,薄い CoFe 層を介して上・下CFA 層間を,電子がバリスティックにトンネルするためである. $T_{CFA} = 550$℃の場合,MAO は規則化したスピネル構造をもつことから,大きな TMR 比は Δ_1 電子のハーフメタル性に起因するものではなく,高温熱処理によって CFA

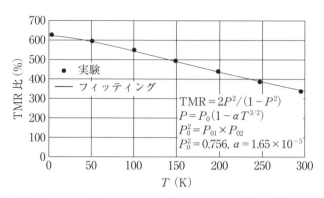

図 5.33 図 5.31 の MTJ ($d_{\mathrm{CoFe}} = 0.5$ nm) の $T_{\mathrm{CFA}} = 550$℃に対する TMR 比の温度変化. ●は実験, 実線はスピン波理論によるフィッティング.

の B2 規則度が向上し, スピン分極率が増大したためと考えられる. 実際, スピン分極率を見積もってみよう. 上・下 CFA は同じ温度係数 α をもつと仮定して $P_i = P_{i0}(1 - \alpha T^{3/2})$ (i = 1, 2) とし, これを Julliere モデル TMR = $2P_1 P_2/(1 - P_1 P_2)$ に適用して得られる, TMR = $2P_{10}P_{20}(1 - \alpha T^{3/2})^2/(1 - P_{10}P_{20}(1 - \alpha T^{3/2})^2)$ を用いて, TMR 比の温度変化を計算することができる. 低温での TMR 比として 10 K における実験値 616% を適用すると, $P_0^2 = P_{10}P_{20} = 0.756$ および $\alpha = 1.65 \times 10^{-5}$ のとき, **図 5.33** に示すように, 実験を非常によくフィッティングできる. この α 値は MgO バリアを用いたときの, CFA や CFAS の値の約 1/2 である. α は界面における磁化の熱揺らぎに関係し, 界面構造に依存するはずであり, 上記結果は, 格子整合のよい MAO バリアを用いることで界面構造が改善されたことを意味している. 上・下 CFA の B2 規則度が違うことから, P の値は互いに異なることが予想される. 熱処理温度を変えた一連の実験から, 下部 CFA のスピン分極率は $P_{10} = 0.81$ が想定され, その結果, 上部 CFA に対して $P_{20} = 0.93$ が得られる. これから上部 CFA は実質的にハーフメタルであることが示唆される. バリアの上・下に直接, 良質のハーフメタルホイスラー合金をスパッタ法で作製できることは, スピネルバリアの大きな特長である.

5.3.6 垂直磁化トンネル接合

(1) MgOバリアによる界面磁気異方性

ギガビット以上の大容量STT-MRAMでは，記録ビットの熱揺らぎ耐性を保証するため，磁気異方性の大きい垂直磁化をもつMTJ(p-MTJ)がメモリ素子として利用される．垂直磁化膜はいろいろな材料系で得られるが，MRAMの高速読み出しのためMTJには大きなTMR比が要求されることから，ハーフメタルを用いてp-MTJを実現できれば理想的である．しかし，ハーフメタルはソフト磁性体のため，バルクでは垂直磁化が得られない．一方，膜厚の薄いCo_2FeZ系フルホイスラー合金薄膜の界面異方性を利用して，これまで2種類の垂直磁化膜が得られている．いずれもB2構造のCFAを使用している．一つはマグネトロンスパッタを用いて作製された，Ptをバッファとする MgO(001)基板/Pt/[CFA(0.6)/Pt(2.5)]$_N$多層膜(括弧内は膜厚)である[131]．もう一つはMgOとの界面で誘起する垂直磁化膜であり，MgO(100)基板/Cr/CFA(T_{CFA})/MgO(2)/Ptにおいて，$K_s = 1.04\,\mathrm{mJ/m^2}$の界面磁気異方性，および$t_{CFA} = 0.8\,\mathrm{nm}$において$K_u = 2\times10^5\,\mathrm{J/m^3}$の垂直磁気異方性(PMA)($K_u t = 0.16\,\mathrm{mJ/m^2}$)が得られている[132]．MgOキャップをPtに代えると面内磁化になることから，垂直磁化は明らかにMgOによるものである．PMAはSiO_2基板を用いても得られ，例えばSiO_2基板/MgO(7.5)/Pt(10)/CFA(0.8)/MgO(2)/Ptにおいて，$K_u = 3\times10^5\,\mathrm{J/m^3}$と，MgO基板と同等の値が得られている[133]．ただし，この場合CFAは(110)配向している．

(2) 垂直磁化トンネル接合のTMR

垂直磁化膜を用いたp-MTJで大きなTMR比を得るためには，磁性層は(100)配向することが望ましい．そのため，使用できるMgOバリア上の磁性材料は限られる．CoFeBを上部電極に用いた，MgO(100)/Cr/CFA/MgO/CoFeB p-MTJでは，室温で91%のTMR比が得られている[133]．Crバッファ層を使用した場合，熱処理時にCr原子が薄いCFA層に拡散しやすいため，熱処理温度の上限は300℃程度に制限される．そのためCFAのB2規則化が十分でなく，TMR比が抑制される．CFAのB2構造の規則度の改善を目指

し，より高温での熱処理を可能にするため，Cr の代わりに Ru バッファを用いた MgO(100)/Ru(40)/CFA(T_{CFA})/MgO(1.8) が作製された．$t_{CFA} = 1$ nm に対して 350℃の温度で熱処理して得られた，面内および面垂直方向に磁場を印加したときの磁化曲線を**図 5.34** に示す[134]．両者の囲む面積から算出された K_u は，$K_u = 4.5 \times 10^5$ J/m^3 ($K_u t = 0.45$ mJ/m^2) であり，Cr バッファの場合に比べ 2 倍以上大きい．また Ru バッファの場合，K_u は 400℃の熱処理温度においても維持される．このような高温の熱処理温度で K_u が実現されることは，半導体とのプロセス互換性が求められる MRAM の製造において非常に好ましいことである．

スパッタ法で作製された，MgO(100)基板/Ru(40)/CFA(1.2)/MgO(1.8)/Fe(0.1)/CoFeB(1.3)/Ta/Ru からなる p-MTJ に対して，325℃で熱処理したときの室温および 10 K における TMR 曲線を**図 5.35** に示す[134]．（a）は MTJ の積層構造，（b）はフルループ，（c）はマイナーループである．TMR 比は室温で 132% と，Cr バッファの 91% よりかなり大きい．このような大きな TMR 比は，hcp 構造の Ru バッファ上に CFA が(100)配向することに起因している．詳しい構造解析の結果，hcp-Ru は MgO(100)基板上に $(02\bar{2}3)$ 配向し，その上に CFA が(100)配向している[134]．MgO に接した CFA が垂直磁気異方性を示すメカニズムは CFA 中の Fe 原子に起因することが，X 線磁気円二色性（XMCD）[脚注]の測定によって明らかにされている[135]．

最後に，フルホイスラー合金を用いた MTJ について，簡単にまとめておく．

（1）Co$_2$FeZ 系および Co$_2$MnZ 系のいずれにおいても，組成ならびに構造の制御を行えばハーフメタルが実現され，エピタキシャルトンネル接合において，低温でハーフメタルに見合った非常に大きな TMR 比が得ら

[脚注] 磁性体に対して円偏光 X 線を照射すると，試料の磁化方向と円偏光の向きとの相対的な関係によって，X 線の吸収強度に違いが生じる．これを XMCD（X-ray Magnetic Circular Dichroism；X 線磁気円二色性）と呼ぶ．得られた XMCD スペクトルを解析することで，元素ごとのスピン磁気モーメントおよび軌道磁気モーメントを定量的に決定することができる．また，スペクトルの形状から，磁性元素の価数など，化学状態についての情報を得ることもできる．

5.3 Co基フルホイスラー合金を用いたMTJ

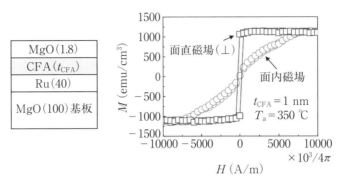

図 5.34 MgO(100)/Ru(40)/CFA(1.0)/MgO(1.8)積層膜の面内および面直方向に磁場を印加したときの磁化曲線[134].

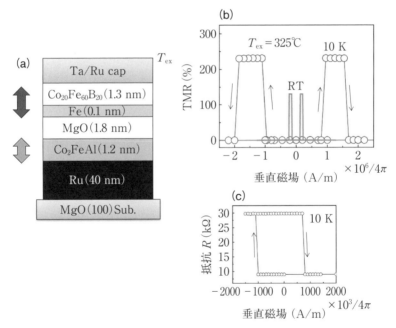

図 5.35 MgO(100)基板/Ru(40)/CFA(1.2)/MgO(1.8)/Fe(0.1)/CoFeB(1.3)/Ta/Ru p-MTJ の積層構造(a), MR曲線のフルループ(b)およびマイナーループ(c)[134].

れる.

(2) TMR の温度変化は，Co_2FeZ 系の場合，スピン波励起に基づく $P/P_0 = (1-\alpha T^{3/2})$ 則でほぼ説明できる．したがって，低温におけるような巨大な TMR 比を室温で実現することは本質的に不可能である．できるだけ大きな TMR 比を室温で得るためには，α を小さくするように良質の界面構造を実現することが重要である．一方，Co_2MnZ 系は上式では説明できない，極めて大きいな TMR の温度変化を示す．

(3) フルホイスラー合金と格子整合のよいスピネルバリアを用いることで，現時点で MgO バリアと同等の TMR 比が得られる．TMR の温度変化やバイアス電圧依存性の改善という面では，スピネルバリアに利点がある．

(4) 界面磁気異方性を利用すれば Co_2FeZ 系ホイスラー合金を用いて p-MTJ を実現できる．しかし，実用化のためにはさらなる K_u のエンハンスが必要である．

第 6 章
いろいろな磁化反転法

　磁気デバイスの高密度化・大容量化・高周波化に伴い磁性体の素子サイズが微小化し，反磁場(demagnetization field)が磁気異方性を支配するようになる．そのため，従来のような電流を流して磁場を発生させて磁化を反転させる，電流磁場方式では電流の大きさが急増し，引いては消費電力が著しく増大する．この問題は熱揺らぎ問題と並んで，微小磁性体を用いるスピントロニクスデバイスの開発，特に大容量 MRAM を開発する上で避けて通れない大きな課題である．これに対処するため，スピントロニクス特有の，スピントランスファトルク(STT)を用いる磁化反転法が開発された．STT に基づく磁化反転法は MRAM のスケーリングを可能にする革新的な方法であるが，磁化反転に必要なエネルギーがまだ大きい．この対策に向け，電場やスピン軌道相互作用(SOI)を利用する方法が提案された．本章では，従来の電流磁場による磁化反転について説明したのち，上記三つの新しい磁化反転法について解説する．

6.1　電流磁場による磁化反転

　微小磁性体をメモリ素子に利用する場合，その磁区構造は磁化が一様な単磁区でなければならない．微小磁性体を単磁区構造にするためには，反磁場に打ち勝つだけの一軸性の磁気異方性を付与する必要がある．磁化が面内にある磁性体の場合，一軸性の磁気異方性は形状磁気異方性に支配され，その大きさは $4\pi C(k) M_\mathrm{s} t/w$ で与えられる．ここで k はアスペクト比(長さ(l)/素子幅(w))，M_s は飽和磁化，t は磁性体の膜厚である．$C(k)$ は磁性体の形状に依存する反磁場係数であり，k が大きくなるほど増大する．磁化反転に必要な電流磁場はこれに結晶磁気異方性 K_u の項が加わり，磁化反転磁場(スイッチング磁場とも呼ばれる)H_sw は次式で与えられる．

$$H_\mathrm{sw} = 2K_\mathrm{u}/M_\mathrm{s} + 4\pi C(k) M_\mathrm{s} t/w \tag{6.1}$$

MRAMの場合，メモリ層はソフト磁性体なので一般にK_uは小さく，スイッチング磁場はほとんど形状磁気異方性で決定される．したがって，素子幅が小さくなればkが大きくなり，スイッチング磁場はそれに逆比例して増大する．これはMRAMを大容量化した場合，より大きな書き込み電流が必要になることを意味する．書き込み電流を小さくしようと思えば，(6.1)式から$M_s t$積を小さくすればよいが，あまり小さくすると熱揺らぎ耐性が低下するのでそれには限界がある．また，kを小さくすることも有効であるが，小さくしすぎると多磁区構造になってしまう．このように電流磁場によるスイッチングはMRAMへの適用を考えると課題が多い．最大の問題は，素子サイズを小さくするほどスイッチング電流が急増し，MRAMをスケーリングできないことである．これは致命的な問題であり，これを克服する方法として登場したのがSTT磁化反転である．

6.2 スピントルク(STT)による磁化反転

6.2.1 磁化反転の原理

STTの原理は第3章で説明している．STTによる磁化反転を理解するため，図6.1(a)に示すような，膜面垂直方向に電流を流すタイプのCPP-GMR素子，$F_1/N/F_2$を考える．ここで磁性体F_2の磁化$\mathbf{M}_2$はz方向から傾いており，磁性体F_1の磁化$\mathbf{M}_1$はz方向に固定されているとする．F_1からF_2に非

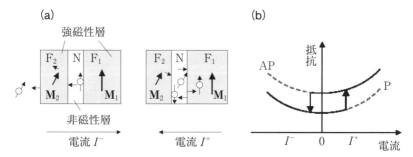

図6.1 (a)$F_1/N/F_2$ 3層構造におけるSTTスイッチングの原理を説明する図，(b)STTスイッチングによって誘起する抵抗-電流曲線．

磁性体 N を介してスピン流を注入すると(電流 I^-)，F_1 の電子はスピンを保存したまま N を伝導し，↑スピン電子が F_2 との界面で M_2 に対して互いに平行になるように，すなわち M_1 と M_2 が平行(P)になるようにトルクを及ぼす．一方，F_2 から F_1 にスピンを注入した場合には(電流 I^+)，↑スピン電子は F_1 を透過していくが，↓スピン電子は F_2 との界面で反射し，F_2 に対して互いに平行になるようにトルクを及ぼし，結果として M_1 と M_2 は反平行(AP)になろうとする．このように電流の向きにより，M_1 と M_2 が互いに P または AP になるようにトルクが働き，電流密度が十分大きければ，そのような磁化配列状態が実現する．これが STT による磁化反転の原理である．この磁化反転はスピン注入磁化反転(current induced magnetization switching : CIMS)とも呼ばれる．磁化反転の結果は MR に反映するので，図6.1(b)に模式的に示すように，抵抗-電流曲線にヒステリシスが観測され，抵抗の飛びが磁化反転に対応する．

6.2.2 STT 磁化反転に必要な電流密度

STT スイッチングを観測するためには，どの程度の電流(閾値電流あるいは臨界電流)が必要だろうか．直感的には(6.2)式に示す LLG 方程式からわかる．ここで H_{ani}：異方性磁場，α：ギルバート(Gilbert)ダンピング定数，e：電子の素電荷，μ_{B}：ボーア磁子，γ：磁気回転比，V：磁性体の体積，I_{e}：印加電流，および $\hat{m}_1$，$\hat{m}_2$ はそれぞれ磁化 M_1，M_2 の単位ベクトルである．第1項は異方性磁場の周りの M_1 の歳差運動を表している．この歳差運動は時間とともに異方性磁場の方向に緩和していく．これが第2項のダンピング項である．第3項は Slonczewski によって導かれた STT 項である[20]．この項は磁化を反転させるように働くので，第2項のダンピング項とは符号が逆になる．$g(\theta)$ は強磁性層と非磁性層の界面における，伝導電子のスピンに依存する透過係数であり，それは M_1 と M_2 の相対角度(θ)に依存する．

$$\frac{d\mathbf{M}_1}{dt} = -\gamma \mathbf{M}_1 \times \mathbf{H}_{\mathrm{ani}} + \frac{\alpha}{M_{1s}} \mathbf{M}_1 \times \frac{d\mathbf{M}_1}{dt} + \frac{2\mu_{\mathrm{B}}}{V} g(\theta) \frac{I_{\mathrm{e}}}{e} \hat{m}_1 \times (\hat{m}_1 \times \hat{m}_2)$$

(6.2)

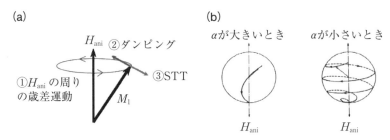

図 6.2 （a）歳差運動の模式図，①有効磁場の周りの歳差運動トルク，②ダンピングトルク，③スピントランスファトルク，（b）ダンピングが大きいときと小さいときの磁化の運動の様子．

以上の様子を図示すると**図 6.2**（a）のようになる．図中の①，②，③がそれぞれ(6.2)式の第1，第2および第3項に対応する．α が大きければ磁化は磁場の方向に素早く減衰し，小さければ長く歳差運動を続けながら減衰する(図6.1(b))．第3項が第2項を上回れば磁化反転が生じる．異方性磁場として外部磁場および反磁場を含めると，閾値電流密度 J_{c0} は(6.3)式のように求まる[20]．

$$J_{c0}^{\pm} = \alpha e M_s t [H_{ext} \pm (H_{ani} + 2\pi M_s)]/\hbar \cdot g(\theta) \tag{6.3}$$

ここで，$\pm$ は電流の向き，H_{ext} は外部磁場，M_s は磁性体の飽和磁化，$2\pi M_s$ は膜面垂直方向の反磁場 $4\pi M_s$ の1/2，t は磁性体の膜厚，$\hbar$ はプランクの定数を 2π で割った値である．閾値電流密度は磁性体素子の膜厚に比例し，素子が縮小するほど磁化反転に必要な電流は小さくなる．これは電流磁場による磁化反転とは逆の関係であり，スピン注入磁化反転はスケーリングが可能である．閾値電流密度が磁性層の膜厚に比例することは，第3章で述べたように，スピントルクは界面近傍のみで働くことを意味し，それは実験的にも検証されている．なお，バリスティック伝導を仮定すると，$g(\theta)$ はGMR素子およびMTJ素子に対し，磁性体のスピン分極率 P を用いて次のような式で与えられる[20],[136]．

$$g(\theta) = [-4 + (1+P)^3(3+\cos\theta)/4P^{3/2}]^{-1} : \text{GMR} \tag{6.4}$$

$$g(\theta) = P/(1+P^2\cos\theta) : \text{MTJ} \tag{6.5}$$

以上は絶対零度における場合である．有限温度（T）における J_c は，熱励起

の影響を考慮しなければならない．パルス電流を印加してスイッチングを測定する場合，パルス幅が長いとき J_c は熱活性化型になり，それは(6.6)式で近似される[137]．ここで，τ_p はパルス幅，τ_0 は attempt frequency の逆数で通常 10^{-9} 秒程度，K_u は一軸性の磁気異方性エネルギー，$\Delta = K_u V / k_B T$ は熱安定化因子を表す．実験的には，J_c のパルス幅依存性を測定し，τ_p を τ_0 に外挿することで J_{c0} が求められ，その勾配から Δ が得られる．

$$J_c = J_{c0}[1 - \Delta^{-1} \ln(\tau_p/\tau_0)] \tag{6.6}$$

$$\Delta = K_u V / k_B T \tag{6.7}$$

熱活性化過程におけるスイッチング確率は(6.8)式で与えられる[138]．

$$P(t) = 1 - \exp\left[-f_0 \tau_p \exp\left(-\Delta\left(1 - \frac{I}{I_{c0}}\right)\right)\right] \tag{6.8}$$

ここで，$f_0 = 10^9 \, \text{s}^{-1}$，$I$：電流，$I_{c0}$：閾値電流である．室温で I-R 曲線を繰り返し測定し，そのときのスイッチング電流の分布を求めることで，(6.8)式から I_{c0} を決定することができる．この方法は(6.6)式の場合のように，パルス幅を変えて測定する必要がないという利点があるが，数百回の測定が必要になるので測定の自動化が欠かせない．

パルス幅の短いダイナミック領域では磁化反転は断熱型になり，磁化反転過程は初期磁化状態に依存する．面内磁化膜の場合，反転電流は(6.9)式で近似され[139]，スイッチング電流はパルス幅が短くなるほど増大する．ここで θ_0 は磁化と容易軸とがなす初期角度である．

$$J_c = J_{c0}[1 + (\tau_1/\tau_p) \ln(\pi/2\theta_0)] \tag{6.9}$$

$$\tau_1 = 1/[\alpha\gamma(H_K + 2\pi M_s)] \tag{6.10}$$

初期角度がないとスピントルクが働かないので，一定の初期角度を予め付与することが実用上重要である．スイッチング電流が初期角度に依存することは，初期磁化状態の分布が反転時間の分布をもたらすことを意味し，STT-MRAMなどで，ナノ秒レベルの高速磁化反転を実現しようとすると問題になる．

6.2.3 MTJ素子のSTTスイッチングの観測

MTJに対してSTTスイッチングを観測するためには，バリア厚を薄くして抵抗を小さくしなければならない．抵抗が大きいと，磁化反転に必要な電流を

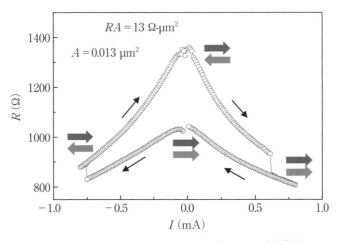

図6.3 MTJ に対する典型的な抵抗(R)-電流(I)曲線.

流すために要するバイアス電圧が，MTJ の耐電圧を超えてしまうからである．MTJ の場合，バイアス電圧とともに抵抗が減少するので，抵抗-電流曲線は典型的には図 6.3 のようになる．印加電流が増大するにつれて，抵抗は電流がゼロのときの AP 状態を維持したまま次第に低下し，臨界電流に達すると，P 状態に転換して急激に低下する．そこから電流を減少させると，抵抗は P 状態を維持したまま増大し，さらに電流の向きを変えてその大きさを増大させると，臨界電流において P から AP 状態に転換し，抵抗が急増する．

次に，J_{c0} の測定結果を示す．図 6.4(a) は Co_2FeAl(1.5 nm)/MgO/CoFe(4 nm)/IrMn/Ta/Pt MTJ に対して，室温で 500 回繰り返し測定したときの R-I 曲線である[140]．繰り返し測定で求められた P→AP および AP→P へのスイッチング確率をそれぞれ，図 6.4(b) および (c) に示す．実線は，(6.8)式を用いたフィッティングである．これから I_{c0} を求めることができ，さらに MTJ の断面積を用いて J_{c0} を決定できる．その結果 $J_{c0} = 7 \times 10^6$ A/cm^2 が得られる．

6.2.4 垂直磁化膜の STT スイッチング電流

微小磁性体の熱揺らぎ対策には，磁気異方性の大きい垂直磁化膜を使用することが有効であり，第 7 章で述べられるように，大容量 STT-MRAM には垂

6.2 スピントルク(STT)による磁化反転

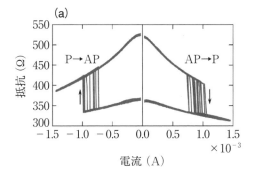

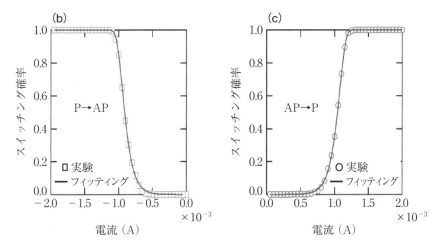

図6.4 (a) $Co_2FeAl/MgO/CoFe/IrMn/Ta/Pt$ MTJ に対して繰り返し測定された抵抗-電流曲線．(b)および(c)は500回の R-I 測定から求められたスイッチング確率．実線は(6.8)式によるフィッティング[140]．

直磁化 MTJ(p-MTJ)が利用される．K_u の大きい垂直磁化膜に STT を適用した場合，反磁場が有利に作用し J_{c0} は思いのほか小さくなる．垂直磁化膜の J_{c0} は実効的な垂直磁気異方性磁場 $H_{ani} - 4\pi M_s$ に比例し，(6.3)式から予測されるように，以下の式で与えられる．

$$J_{c0}^{\pm} = \alpha e M_s t [H_{ext} \pm (H_{ani} - 4\pi M_s)]/\hbar \cdot g(\theta). \tag{6.11}$$

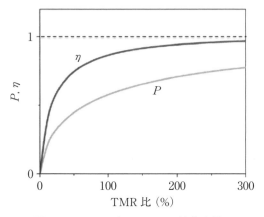

図 6.5 η および P の TMR 比依存性.

H_{ani} は膜面に垂直方向の異方性磁場,$4\pi M_{\text{s}}$ は反磁場である.磁化反転に対するエネルギー障壁は $U_{\text{K}} = M_{\text{s}}(H_{\text{ani}} - 4\pi M_{\text{s}})V/2 = K_{\text{u}}V$ で表されるので,(6.11)式から,外部磁場がゼロのときの J_{c0} は(6.12)式のようになり,J_{c0} は熱安定化因子 Δ に直接比例する.一方,面内磁化膜の場合には(6.3)式から,J_{c0} は(6.13)式のように書け,Δ の他に反磁場エネルギーの項が加わる.したがって,それがない分だけ,垂直磁化膜の方が STT スイッチングの効率がよいことになる.MTJ の場合,スピン注入効率 $g(\theta) = \eta$ はスピン分極率 P を用いて(6.5)式で与えられるので,Julliere モデルを用いて計算される TMR 比と P および η の関係は,**図 6.5** のように図示される.これから,η は TMR 比が 150% 以上ではあまり大きく変化せず,極端に TMR 比を大きくしても J_{c0} の低減にはつながらない.

$$J_{\text{c0}} = \frac{2e}{\hbar} \frac{2\alpha}{g(\theta)} (K_{\text{u}}V/A) = \frac{2e}{\hbar} \frac{2\alpha}{g(\theta)} (k_{\text{B}}T\Delta/A) \quad (6.12)$$

$$J_{\text{c0}} = \frac{\alpha e t}{\hbar g(\theta)} [2k_{\text{B}}T\Delta/V + 2\pi M_{\text{s}}^2] \quad (6.13)$$

(6.12)および(6.13)式は直流電流を用いた場合の式である.実際には,高速パルス電流を流して磁化反転させる必要がある.幅 τ_{p} をもつパルス電流に対

6.2 スピントルク(STT)による磁化反転

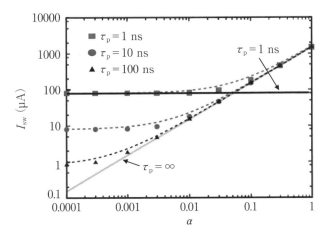

図6.6 いろいろなパルス幅をもつパルス電流によるSTTスイッチング電流のダンピング定数依存性. 各点は(6.2)式からの計算, 二つの直線は(6.14)式による[141].

して(6.2)式のLLG方程式を解くと, τ_p をパラメータとする臨界スイッチング電流 I_{sw} の α 依存性が図6.6の各点のように得られる[141]. これを見ると, τ_p が大きいときには I_{sw} は α が小さくなるにつれて単調に低下するが, τ_p が小さくなるにつれて I_{sw} の α 依存性が緩やかになり, $\tau_p = 1$ ns の場合, I_{sw} の値は $\alpha < 0.01$ に対してほとんど変わらない. この関係は近似的に(6.14)式のように書ける[141]. C は定数である.

$$I_{sw} = \frac{2e}{\hbar} \frac{M_s V}{g(\theta)} (\alpha H_K + C/\tau_p)$$

$$J_{c0} = \frac{2e}{\hbar} \frac{M_s t}{g(\theta)} (\alpha H_K + C/\tau_p)$$

$$H_K = 2K_u/M_s \tag{6.14}$$

この式の第1項は(6.12)式と同じであり, 第2項がパルス電流に伴う項である. 図6.6の二つの直線は, $\tau_p = \infty$(直流電流)および $\tau_p = 1$ ns に対する(6.14)式をそれぞれ示したものである. これから, $\alpha < 0.01$ のとき, $\tau_p = 1$ ns に対する I_{sw} はほぼ(6.14)式で記述できることがわかる. したがって, STT-MRAM

において実用上必要な，短パルス電流によるSTT書き込みでは，αの値を0.01より必要以上に小さくしても，閾値電流の低下にはつながらない．(6.14)式は，熱安定性を保証する大きなH_Kと小さなM_sを有する磁性体の開発が，熱安定性の保証とスイッチング電流の低下を両立させる上で重要になることを示している．ただし，Pは大きいことが前提である．

6.2.5 電流駆動磁壁移動

図6.7(a)に示すように，強磁性細線に磁壁(domain wall：DW)が1個存在する場合を考えよう[142]．このとき，磁壁の両側で磁性体の磁気モーメントは細線に沿って互いに反対方向を向いており，磁壁内では徐々に向きを変えている．磁壁を横切るように右から左に電流を流すと(図6.7(b))，伝導電子は左から右に移動し，磁壁を横切る際に，そのスピン方向は磁気モーメントとの交換相互作用によって，磁気モーメントの方向に沿って回転する．すなわち，磁壁を通過する前後で，伝導電子のスピン方向は変化する．このスピン角運動量の変化は，角運動量保存則により，相互作用の相手である磁気モーメントに与えられる．その結果，図6.7(c)に示すように，磁壁中の磁気モーメントが変

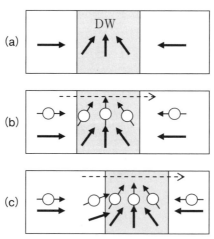

図6.7 磁壁を一つ含むナノ磁性細線のSTTによる磁壁(DW)移動の説明図[142]．

化する．図 6.7（b）と（c）の比較からわかるように，電流を流した結果，磁壁の位置が電流と逆方向に移動している．これが STT による磁壁移動である．

磁壁の電流駆動実験はパーマロイについて多くなされており，磁壁移動による磁化反転のためには 10^{12} A/m^2 程度の大きな電流密度が必要であることが示されている．磁壁の移動速度は 1.5×10^{12} A/m^2 の電流密度に対し，100 m/sec 程度が得られている．これは大きさ 100 nm の磁性体に対して，1 ns のオーダで磁化反転が可能であることを意味する．STT による磁壁移動の電流密度を低減するためには，垂直磁化膜の利用が有効である．このとき，閾値電流密度は細線の幅に比例して小さくなり，Co/Ni 垂直磁化膜の場合，70 nm 幅のとき 5×10^{11} A/m^2 が得られている[142]．

6.3 電場による磁化反転

6.3.1 はじめに

(6.12)式からわかるように，STT スイッチングに必要なエネルギーは，磁性体素子の熱安定化エネルギー Δ より大きい．STT-MRAM では MTJ に大きな電流を流して書き込むため，トンネルバリアの繰り返し耐性や寿命が懸念される．特にギガビット級の大容量になれば，低抵抗化のためバリアの厚さが非常に薄くなり，上記懸念は益々増大する．さらに，STT では磁化反転を起こすための潜在時間が必要なため，高速スイッチングに課題がある．このような状況を考え，より小さなエネルギーで実現可能な，あるいはバリアに負担をかけないような，新しい高速磁化反転技術が熱望されている．このような要求に対し，現在，主として二つの方法が提案されている．一つは電場による方法，もう一つはスピン軌道相互作用（SOI）に基づく方法である．本節では前者について説明し，後者については次節で解説する．

6.3.2 電場による磁気異方性の変調

物質中の原子のエネルギー状態は，周りの原子からの結晶電場を受けて分裂し，さらにスピン軌道相互作用の影響を受けてエネルギー準位が決まり，磁気異方性エネルギーはスピン軌道相互作用の大きさに依存する．通常，3d 遷移

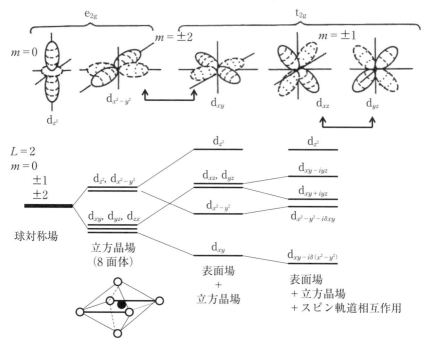

図 6.8 立方晶の結晶場,表面場およびスピン軌道相互作用を受けた Fe イオンのエネルギー状態.

金属では,結晶場によるエネルギー分裂の方がスピン軌道相互作用よりはるかに大きいので,異方性エネルギーは摂動論を用いて計算される.3d 遷移金属の場合,5 個の d 軌道 (e_g: $d_{3z^2-r^2}$, $d_{x^2-y^2}$ および t_{2g}: d_{xy}, d_{yz}, d_{zx}) のエネルギー準位は立方晶の結晶場中では e_g と t_{2g} に分裂し,スピン軌道相互作用によりそれらの状態が混成してエネルギー準位が形成され,磁気異方性,すなわち磁化容易方向が決まる.一例として,立方晶の結晶場中に置かれた Fe イオン($3d^6$)軌道の立方晶の結晶場,表面異方性およびスピン軌道相互作用によるエネルギー準位の変化を模式的に図 6.8 に示す.最低エネルギー準位は,スピン軌道相互作用により d_{xy} と $d_{x^2-y^2}$ の混成軌道状態を有することがわかる.

このような系に外部から電場を印加すると軌道の占有状態が変わり,磁気異

6.3 電場による磁化反転

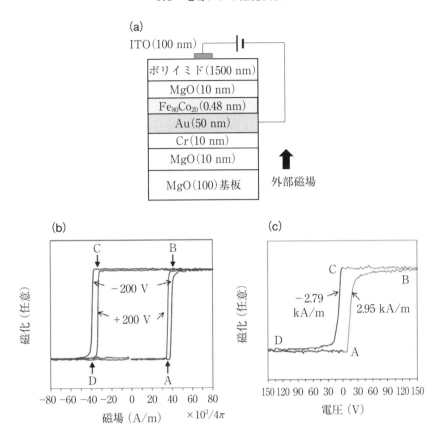

図 6.9 (a) 電場効果を調べるための $Au/Fe_{80}Co_{20}(0.48\,nm)/MgO$ 垂直磁化膜の積層構造，(b) ±200 V の電圧を印加したときのヒステリシス曲線，(c) 保磁力に近い磁場を印加した状態における磁化のバイアス電圧依存性[143]．

方性が変化する．電場は界面に作用するので，電場による磁気異方性の制御は，超薄膜に対して有効である．図 6.9(a) に示すように，$Au/Fe_{80}Co_{20}(0.48\,nm)/MgO$ エピタキシャル積層膜に電場を印加することを考えよう．図中のポリイミドは電場を加えるための絶縁体，ITO は透明電極であり，電場は ITO と Au の間に印加される．図 6.9(b) は ±200 V の電圧を印加したときの垂直磁化曲線である．電圧の符号の違いで保磁力の大きさが変化している．これは

電場によって磁気異方性が変化したことを意味する．これを利用し，保磁力の値に近い磁場を印加した状態でそれぞれ正，負の電圧を印加すると，図6.9(c)に示すように，互いに逆向き(A→B と C→D)に磁化反転が生じる[143]．このような明瞭な電場誘起磁化反転が観測された理由は，MgOの大きな誘電率($\varepsilon = 9.5$)によるものであることが理論的に指摘されている[144]．

FeCo(t nm)/MgO/Fe(10 nm)MTJ に対して電場当たりの界面磁気異方性の変化が測定され，$t = 0.60$ nm に対して 31.0 fJ V^{-1}m^{-1} が得られている[145]．第7章で示されるように，$F = 22$ 相当の大容量 MRAM の場合，メモリ層には $K_\mathrm{u} t \sim 1$ mJ/m^2 の耐熱エネルギーが要求される[脚注]．したがって，電場 E でスピンを反転させようとすれば，膜に加えられる電場を $E = 1$ V/nm と仮定すれば，$\Delta K_\mathrm{u} t / \Delta E \sim 1$ mJ/m^2/(1 V/nm) = 1 pJ V^{-1}m^{-1} となり，現在得られている値の 300 倍程度大きな電場効果が要求される．

6.3.3 電場による磁化反転

上述のように直流電圧を印加した場合，電場による磁化反転を実現するためには符号の異なる外部磁場を印加する必要があり，実用的でない．ここでは，電場による磁化反転を実現できる二つの方法を示す．一つは STT に対して電場をアシストする方法であり，STT スイッチング電流を低減できる．図6.10 は CoFeB/MgO/CoFeB からなる垂直磁化 MTJ に電場を印加した場合の，フリー層の磁化曲線の変化の模式図である[146]．下部 CoFeB の磁化は下向きに固着されており，上部のフリー層の磁化は初め下向き，すなわち MTJ の磁化は互いに平行(P)で低抵抗状態にあるとする．また，MTJ には膜面に対して垂直で上向き方向に，保磁力 H_c よりも小さいバイアス磁場 H_bias が印加されているとする．この状態で電場 E_2 を印加してフリー層の H_c が H_bias より小さくなると，フリー層の磁化は反転して上・下の磁化が反平行(AP)の高抵抗状態に変化する．一方，E_2 より小さな電場 E_1 を印加した場合には，H_c は H_bias より大きいため磁化は反転しない．したがって，H_bias の下で大きさが E_2 と

脚注　F は feature size あるいはデザインルールと呼ばれ，半導体の微細加工技術の世代を表し，最小加工寸法を意味する．

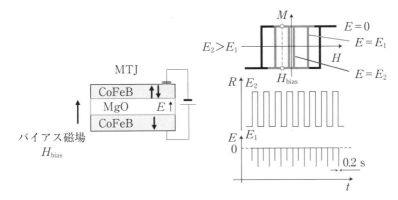

図 6.10 垂直磁化をもつ MTJ の STT スイッチングへの電場アシスト法[146].

E_1 のパルス電圧を印加すると，E_2 に対してのみフリー層の磁化反転が生じ抵抗が増大する．しかし，AP から P への反転はできない．すなわち磁化反転は可逆的でない．

一方，E_1 を印加したときに MTJ を流れる電流が，STT スイッチングに必要な臨界電流 I_c より大きければ，フリー層の磁化反転が可能になる．すなわち，H_{bias} を印加した状態で電場の大きさをパルス的に変えることで，フリー層の磁化の可逆的反転が可能になる．このような実験が行われ，STT スイッチングに電場をアシストすることで I_c が約 2 桁低減した[146]．しかし，実験で使用されたパルス幅は 0.2 秒であり，大きな電場を高速に変化させることが困難なので高速スイッチングが課題である．

もう一つの電場による磁化反転の例を模式的に図 6.11 に示す．Fe/MgO/FeCo MTJ を考え，Fe および FeCo は面内磁化膜で互いに AP 状態にあり，膜面垂直方向にバイアス磁場 H_{bias} が印加されているとする．これに膜面垂直方向に電場を印加すると垂直磁気異方性が誘起され，FeCo の磁化は図のように膜面から立ち上がり左上方向を向き，その角度を保持したまま H_{bias} の周りに歳差運動を行う．歳差運動が一周する時間を $\tau = 2\tau_0$ とすると，$t = \tau_0$ では磁化は図のように右上向きになり，この瞬間に電場をゼロにすれば磁化は膜面内で右向き，すなわち MTJ の磁化は P 状態になる．このようにしてパルス電

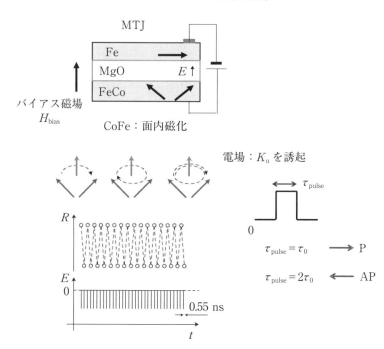

図 6.11 面内磁化をもつ MTJ の電場誘起スイッチング[147].

場を $\tau_{\text{pulse}} = \tau_0$ と $2\tau_0$ に制御すれば，MTJ の P および AP 状態を電場のみで実現できる[147]．

以上は面内磁化膜に対する結果であるが，垂直磁化 MTJ に対しても類似の実験が行われた．垂直磁化膜の場合には，膜面垂直方向に対して θ_H だけ傾けた方向にバイアス磁場を印加して，フリー層の磁化を垂直方向から傾け，電場を膜面垂直方向に印加することで，上述と同様の原理でパルス電場による磁化反転が可能になる[148]．この方法では高速磁化反転が可能であるが，印加電圧が高すぎるため，バリアの耐電圧性および消費電力（V^2 に比例）の低減化に課題がある．

6.4 スピン軌道相互作用に基づく磁化反転

6.4.1 スピンホール効果による磁化反転
(a) 磁化反転の原理

スピン軌道相互作用(SOI)を利用する磁化反転技術として，スピンホール効果(SHE)を用いるものとラシュバ効果を利用するものがある．はじめに前者について説明する．強磁性体を使用しないでも，非磁性体の SHE を利用することで，スピン流を創出できることを第3章で説明した．このスピン流を用いて，非磁性体に接した強磁性体の磁化反転を実現できる．非磁性体の面内に電流(電流密度 J_e)を流すと，面内でこの電流に対して垂直方向にスピン流(スピン流密度 $(\hbar/2e)J_s$)が流れる．電流に対するスピン流の比，$\theta_{SH} = (2e/\hbar)J_s/J_e$ はスピンホール角と呼ばれ，その値が大きいほど大きなスピン流が得られる．表3.1に θ_{SH} の大きい非磁性材料を示してある．

SHE に基づく磁化反転に必要な電流密度を求めてみよう．図 6.12 に模式的に示すように，Ta や W などの非磁性体の上に円筒状の微小磁性体を形成する．非磁性体の幅を w，磁性体の直径と厚さをそれぞれ D と t_F とする．(a)は磁性体の磁化が面内にある場合であり，磁気異方性が y 軸に平行な方向，

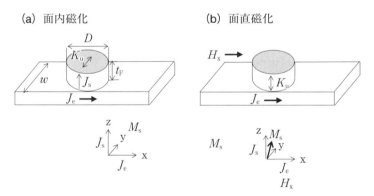

図 6.12 SHE による磁化反転を調べるための非磁性体上に形成された，面内(a)および面直(b)に磁気異方性をもつナノ磁性体．

したがって磁化はその方向を向いているとする．非磁性体の面内で x 軸方向に電流を流すと，SHE 効果により非磁性体の y 軸方向にスピン流が流れ，それはスピン抵抗の小さい磁性体に吸い込まれる．スピン流のスピンは y 方向に偏極しているので，SHE による STT トルクは y 軸方向に働く．磁化反転の閾値電流密度は STT から予想されるように，次式で与えられる．

$$J_{c0,\text{in-plane}}^{\text{SH}} = \alpha \frac{2e}{\hbar} \frac{M_s t_F}{\theta_{\text{SH}}} (H_{K,\text{in}} + 2\pi M_s) \tag{6.15}$$

$H_{K,\text{in}}$ は面内の異方性磁場である．

次に微小磁性体が垂直磁化をもつ（b）の場合を考えよう．この場合にはスイッチング磁化の旋回方向を規定するため，電流方向に弱い磁場（H_x）を印加してフリー層の磁化を磁場方向に少し傾ける必要がある．SHE によるトルクが通常の STT トルクと違う点は，スピン流のスピンの向き（y 方向）とフリー層の磁化の向き（ほぼ z 軸方向）の角度が約 90 度をなすことである．このため，ダンピングが大きい場合，スイッチング電流はダンピング定数 α に依存せず，SHE によるスイッチング閾値電流密度は次の式で与えられる[149]．

$$J_{c0,\text{perp}}^{\text{SH}} = \frac{2e}{\hbar} \frac{M_s t_F}{\theta_{\text{SH}}} \left(\frac{H_{K,\text{eff}}}{2} - \frac{H_x}{\sqrt{2}} \right)$$

$$H_{K,\text{eff}} = H_K - 4\pi M_s \tag{6.16}$$

（6.16）式を外部磁場がゼロのときの通常の STT による臨界電流密度の（6.11）式と比較しよう．H_x は H_K に比べて十分小さいとして無視すると，（6.17）式が得られる．η はスピン注入効率である．$\eta = 0.33$[149]，$\theta_{\text{SH}} = 0.3$ とすると，$\alpha = 0.01$ の場合 $J_{c0,\text{perp}}^{\text{SH}} / J_{c0,\text{perp}}^{\text{STT}} \sim 110$ となり，スピンホール効果のみによる磁化反転は通常の STT による磁化反転より 2 桁大きい．この問題は，電場を印加して H_K を 1 桁程度下げることができれば克服され，電場と SHE と組み合わせて低電流磁化反転をはかる方法が検討されている．

$$J_{c0,\text{perp}}^{\text{SH}} / J_{c0,\text{perp}}^{\text{STT}} = \frac{1}{\alpha} \left(\frac{\eta}{\theta_{\text{SH}}} \right) \tag{6.17}$$

（b） SHE による MTJ の磁化反転の観測

SHE による MTJ の磁化反転の例を示す．**図 6.13** は SiO_2 基板/Ta(6.2 nm) の上に作製された，$Co_{40}Fe_{40}B_{20}$(1.6)/MgO(1.6)/CoFeB(3.8)/Ta(5)/Ru(5)

6.4 スピン軌道相互作用に基づく磁化反転

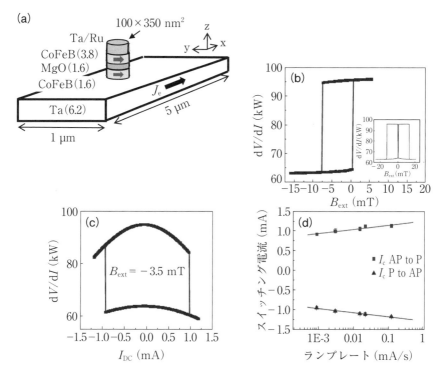

図 6.13 面内磁化をもつ MTJ のスピンホール効果による室温における磁化反転[150].

MTJ ナノピラーからなる 3 端子デバイスである[150]．下部 Ta 層は幅 1 μm，長さ 5 μm(抵抗 3 kΩ)に，MTJ は 100×350 nm^2 の楕円体にそれぞれパターン化されており，MTJ の長軸方向(磁化容易方向)が下部 Ta の長手方向に直角に配置されている．厚さが 1.6 nm および 3.8 nm の CoFeB の磁化はいずれも膜面内にある．(a)に示すように，Ta の長手方向(x 軸)に電流を流すと，それに直角方向(y 軸)にスピン流が発生し，それはスピンの向きを維持してスピン抵抗のより小さい CoFeB を介して膜面垂直方向に流れる．このスピン流が CoFeB に作用し STT による磁化反転を起こし，TMR を介して電圧として検出される．(b)は外部磁場を印加して得られた MTJ の，微分コンダクタンス

の変化である．この変化率から TMR～50％ が得られる．（c）は Ta 層に流した直流電流に伴う MTJ の微分コンダクタンスの変化，すなわち SHE による STT スイッチングである．ここでは MTJ の長軸方向に約 -3.5 mT の外部磁場 ($B_\mathrm{ext}=\mu_0 H_\mathrm{ext}$) を加えている．約 ± 1 mA の電流で磁化反転が観測される．（d）はスイープ電流のランプレートを変えたときの，反平行（AP）から平行（P）およびその逆に対するスイッチング電流である．熱活性化モデルを用いて解析することで，磁化反転の臨界電流 $I_{c0}=(2.0\pm 0.1)$ mA およびエネルギー障壁 $U=(45.7\pm 0.5)k_\mathrm{B}$ が得られる．面内磁化膜に対する SHE による STT スイッチングの閾値電流密度は(6.15)式で与えられるので，J_{c0} の実験値を代入することで $\theta_\mathrm{SH}=(2e/\hbar)J_\mathrm{s}/J_\mathrm{e}=0.12$ が得られる．この値は β-Ta の θ_SH の大きさと一致しており，図 6.12 の結果は SHE による STT スイッチングであることを示唆している．

　以上は面内磁化膜に対する結果である．垂直磁化をもつ p-MTJ に対しても，上記と類似の 3 端子デバイス構造に対して SHE による磁化反転が室温で観測されている[151),152)]．図 6.13（a）と類似の 3 端子デバイス構造において，Ta/CoFeB(1)/MgO/CoFeB(1.5)/Ta/Ru の p-MTJ に対し，面内に -3.2×10^5 A/m の磁場を印加して上部 CoFeB の磁化を若干面直方向から傾かせ，Ta の長手方向にパルス電流を印加し，それが作るスピン流を利用して，SHE による下部 CoFeB の磁化反転が観測されている[152)]．MTJ のドットの大きさが 200 nm，Ta の幅が 470 nm のとき，スイッチング電流密度（J_c）は 6×10^{11} A/m^2 である．さらに，Ta の代わりに A15 型結晶構造をもつ β-W を用いた場合には，室温で $J_c=1.2\times 10^{10}$ A/m^2 が報告されている[153)]．SHE を利用した磁化反転は 3 端子デバイスであるため，書き込み時に MTJ に電流を流す必要がなく，MRAM に適用した場合，書き込みと読み出しを分離することができ，高抵抗 MTJ を使用して出力を高めることができるというメリットがある．

6.4.2　ラシュバ効果による磁化反転

　反転対称性が破れた界面を運動する電子は，界面に垂直なポテンシャル勾配（電場）を受け SOI を通して磁場を感じる（ラシュバ効果）ことを第 3 章で説明

6.4 スピン軌道相互作用に基づく磁化反転   151

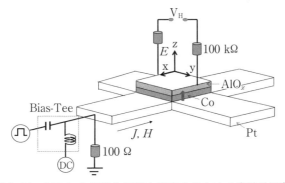

図 6.14　SOI による磁化反転を測定するための実験法[157].

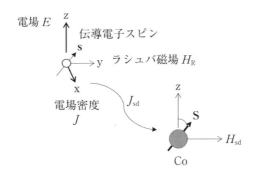

図 6.15　s-d 相互作用を媒介とするラシュバ磁場の模式図.

した．ラシュバ磁場 $\mathbf{H}_R$ は $\mathbf{H}_R = \alpha_R \mathbf{E} \times \mathbf{p}$ で与えられ，その方向は電子の運動方向と電場($\mathbf{E}$)に垂直である．ここで α_R および $\mathbf{p}$ はそれぞれ，ラシュバ相互作用の係数と電子の運動量である．図 6.14 に示すような垂直磁化をもつ Pt/Co(0.6 nm)/Al_2O_3 ヘテロ接合を考えよう．非磁性体(Pt)に x 方向に沿って電流を流すと，界面を伝導する伝導電子のスピン(s)は z 方向の電場によって，y 方向にラシュバ磁場 H_R を受け z 軸から少し傾く．図 6.15 に示すように，この伝導電子のスピンは s-d 交換相互作用，$-J_{sd}\mathbf{s}\cdot\mathbf{S}$ を介して Co の局所磁化($\mathbf{M}$)にトルクを及ぼす．S は Co の原子スピンであり，$M = g\mu_B S$ である．

伝導電子が局所磁化に及ぼす磁場 H_{sd} の大きさは，次式で与えられる[154].

$$H_{sd} \simeq \frac{\alpha_R P}{\mu_B M}(\hat{\mathbf{z}} \times \mathbf{J}) \tag{6.18}$$

ここで，P は s-d 相互作用の大きさに比例するパラメータであり，おおよそ伝導電子のスピン分極率のオーダである．$\hat{\mathbf{z}}$ は電場方向の単位ベクトル，$\mathbf{J}$ は電流密度である．H_{sd} の存在は初め理論的に予言され[155]，後に実験的に確認された[156]．Miron らは $0.5\,\mu m \times 5\,\mu m$ の Pt(3 nm)/Co(0.6 nm)/Al_2O_3(2 nm) の細線についてラシュバ効果による逆磁区の発生を観測し，(6.18)式で $P=0.5$ を仮定して，合理的な $\alpha_R = 10^{-10}$ eVm を得た[157]．

図 6.14 において，電流に加えその方向に磁場 H を印加すると，電子は $\mathbf{H_R} \times \mathbf{H}$ の磁場を感じる．その方向は z 軸方向である．この磁場の大きさが垂直磁化の保磁力より大きければ，電流の向きを変えることで可逆的に磁化反転を起こすことが可能である．これはラシュバ効果に基づく SOI スイッチングと呼ばれる．このような実験が図 6.14 の構造に対して正，負のパルス電流を流して行われ，スイッチング電流密度として 10^{12} A/m^2 が報告されている[157]．類似の実験は Ta/CoFeB(1.2 nm)/MgO 垂直磁化膜についても行われ，SOI スイッチングが観測されている[158]．しかし，スイッチングにはラシュバ効果のみでなく，スピンホール効果の寄与も考慮する必要があることが指摘されている．ラシュバ効果に基づく SOI スイッチングでも，実用的には電流密度の低減が課題である．

第7章

スピントロニクスデバイス

　この章では，スピントロニクスにおける物理現象がどのようにデバイスに結び付くかを理解するため，まず，実用化されている HDD と MRAM について，動作原理，開発の現状，並びに今後の動向について解説する．次に，将来に向けたデバイスとして，スピンフィルタ，スピン共鳴トンネル効果素子および半導体スピントロニクスを取り上げ，それぞれ物理現象，特徴，および開発課題について概説する．

7.1　ハードディスク用読み出しヘッド

7.1.1　HDD の動向

　ハードディスクドライブ(HDD)は磁気ディスクを高速回転し，磁気ヘッドを移動することで，情報を記録し読み出す記憶装置である．その概観を図7.1に示す．情報は磁気ディスク上に何本もの同心円状の磁化反転の線(トラック)となって記録されており，円周方向の記録密度を線密度(ビット/インチ)，半径方向の磁化反転の線の密度をトラック密度(トラック/インチ)と呼んでいる．面記録密度は，平方インチ当たりの記録されたビット数で表され，線密度と

図7.1　HDD の概観．

トラック密度の積(ビット/インチ^2)で与えられる.

　HDD は 1932 年,米国の Brush 社によって開発されたが,商用の HDD は 1956 年 IBM によってはじめて出荷され,そのときの記憶容量はわずか 2 キロビット/インチ^2 であった.それ以来,スケーリングを実現できる材料技術,駆動・制御技術,記録・再生技術,信号処理回路技術などの革新により,記録密度の飛躍的向上がはかられた.特に近年は,垂直磁気記録技術の貢献が大きく,2010 年 5 月現在,HDD の記憶容量は 2.5 インチディスク 1 枚 (2 面) で 333 ギガバイト (約 1 時間のデジタル動画記録に相当) にまで達している.これは 547 ギガビット/インチ^2 の記録密度であり,実に初期の 2.7 億倍である.このような技術革新の結果,HDD は当初のコンピュータ向けのみならず,情報家電向け大容量デジタル情報の主たる保管役となり,外部記憶装置の中核的存在に成長している.2010 年度の全 HDD の売り上げは約 350 億ドルと,DRAM に匹敵しており,出荷台数は年間 6.5 億台 (毎秒 20 台) である.競合するフラッシュメモリの追随を許さないためには,HDD はさらに成長し続ける必要があり,年率 40% の高密度化を継続し,テラビット/インチ^2 以上の記録密度を実現することが求められている[159].

7.1.2　読み出しヘッドの開発動向と課題

　読み出しヘッド (あるいは再生ヘッド) は,記録ヘッドによって磁気ディスクに書き込まれた記録磁化パターンからの漏れ磁界を検出し,記録情報を再生するものである.初期の HDD の読み出しヘッドには,電磁誘導型が採用された.このタイプの読み出しヘッドの出力電圧は,ディスクとヘッドの相対速度によって決定される.記録の高密度化のためには相対速度を遅くする必要があるが,そうすると電磁誘導型では出力が落ちてしまうので,やがて高密度化に対して限界を迎えた.これに対処するため 1990 年頃,読み出しヘッドは電磁誘導型から磁気抵抗 (AMR) 型に代わった.AMR ヘッドは,それを構成する NiFe 薄膜に電流を流し,ディスクからの信号磁界によって NiFe 膜の磁化を回転させ,電流と磁化のなす角度の違いによって生じる抵抗変化 (AMR) を電圧変化として読み出すものである.MR ヘッドは誘導型と違って,磁束そのものを検出するため,再生出力はヘッドと媒体の相対速度に依存しない.しか

7.1 ハードディスク用読み出しヘッド

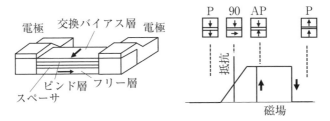

図 7.2 GMR ヘッドの構造モデルと磁気抵抗の変化の様子.

し，AMR の抵抗変化率は 2～3% であるため，高密度化に対し再生出力に限界が生じた．このときタイムリーに登場したのが，MR 変化率のより大きい GMR ヘッドであった．人工格子では数十% 以上の非常に大きい MR 変化率が得られるが，交換結合の存在により飽和磁場が大きく感度が低い．そのためスピンバルブ型が採用され，1997 年，AMR ヘッドはスピンバルブ型 GMR ヘッドに置き換わり，スピントロニクスの実用化が開始された．図 7.2 に GMR ヘッドの模式的構造と抵抗変化の様子を示す．フリー層とピンド層の磁化は互いに垂直になるように設計され，ディスクからの漏れ磁界によってフリー層の磁化が回転することで，MR は線形的に変化する．

記録密度のさらなる高密度化の要請に伴い 2004 年，GMR ヘッドはより高感度な TMR ヘッドに置き換えられ，以来今日に至っている．2011 年現在，実用化されている HDD の記録密度の最大は 600 ギガビット/インチ^2 である．さらなる高密度化に対して高速読み出しを行うためには，より小さな抵抗×面積(RA)が必要であり，2 テラビット/インチ^2 の記録密度を超えるとその値は 0.1 Ω-μm^2 以下が要求される．この値は TMR ヘッドでは困難なため，現在，全金属系の CPP-GMR ヘッドが期待されている．図 7.3 は垂直磁気記録における磁気ヘッドと磁気ディスクの模式図(a)および CPP-GMR センサの積層構造(b)を示したものである[160]．二つのシールドに挟まれた CPP-GMR センサが読み出しヘッドであり，ビット長方向がセンサ膜厚になる．高密度化のためにはトラック幅(TW)とビット長(t)をともに小さくしなければならないので，高密度化されるほどセンサの膜厚 t は薄くなり，例えば，1.5 テラビット/インチ^2 では TW~20 nm, t~25 nm となる．センサの抵抗と TW の

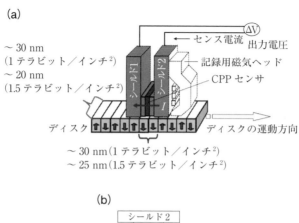

図 7.3 （a）垂直磁気記録における磁気ヘッドと磁気ディスクの模式図，（b）CPP-GMR センサの薄膜積層構造[153]．

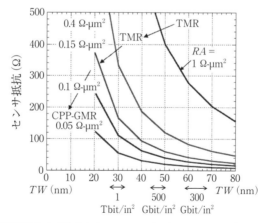

図 7.4 高密度 HDD に要求される，RA をパラメータとするセンサ抵抗のトラック幅依存性[160]．TMR ヘッドから全金属型 CPP-GMR ヘッドへの動向を示している．

関係を**図 7.4** に示す[160]．センサ出力は $\Delta V = \Delta RA \times J_{\max} = \mathrm{MR}(\%) \times V_{\mathrm{bias}}$ で表され，最大許容センス電流 $J_{\max}$ は $10^{12}\,\mathrm{A/m^2}$ 程度である．$\Delta V \sim 10\,\mathrm{mV}$，$J_{\max} = 10^{12}\,\mathrm{A/m^2}$ とすると，$\Delta RA = 10\,\mathrm{m\Omega\text{-}\mu m^2}$ となる．

従来の CoFe や NiFe 合金を用いた CPP-GMR センサでは，$\Delta RA = 0.6\,\mathrm{m\Omega\text{-}\mu m^2}$ 程度と小さすぎる[161]．そのため，ΔRA の大きい CPP-GMR 材料として，Co 基フルホイスラーハーフメタルが検討されている．CPP-GMR センサのもう一つの課題は，$10^{12}\,\mathrm{A/m^2}$ という大きなセンス電流が流れることによって生じる磁化の不安定性，いわゆるスピントランスファトルク(STT)ノイズが発生することである[162]．したがって，STT による磁化の変動を受けにくい CPP-GMR センサを開発する必要がある．さらに，フリー層が薄くなることによる熱揺らぎ対策も重要になる．

7.1.3　フルホイスラー合金ハーフメタルを用いた CPP-GMR

ハーフメタルはスピン分極率 $P = 1$ をもつので，第 4 章で説明したように，$\alpha = \rho_\downarrow / \rho_\uparrow \gg 1$，あるいは(4.5)および(4.8)式で $\beta = 1$ となり，磁性層内(バルク)でのスピン依存散乱の寄与により，大きな CPP-GMR が期待できると思えるかもしれない．しかし，磁性体のスピン拡散長は短く，また図 7.4 で示したように，高密度 HDD に要求される磁性層の膜厚は数 nm に限られるので，バルク散乱による MR の飛躍的増大は望めない．また，非磁性金属に接するハーフメタルは，界面でハーフメタル性が破壊される．それにもかかわらず Co 基フルホイスラー合金を用いた CPP-GMR 素子において，低温で 200%，室温でも 60% に近い大きな MR 比が得られている[163]．これらの CPP-GMR 素子には非磁性層として Ag が用いられており，MgO(100)基板上にフルホイスラー合金と Ag の層がエピタキシャル成長している．非磁性層(スペーサと呼ばれることがある)材料の条件は，フルホイスラー磁性合金の高い規則度を得るための熱処理温度(通常 500℃以上)において磁性層と合金化しないこと，および格子ミスフィットが小さくエピタキシャル成長しやすいことであり，これらを満たす材料として Ag が選択された．また，Ag はスピン拡散長が室温で 130〜150 nm と長いことも利点である．

一例として，MgO(100)基板/Cr(10)/Ag(100)/CFAS(t_F)/Ag(5)/CFAS

(t_F)/Ag(5)/Ru(8) の CPP-GMR 特性を紹介する．ここで，括弧内の値は膜厚 (nm)であり，Cr はバッファ層，CFAS は $Co_2FeAl_{0.5}Si_{0.5}$ の略称である．積層膜はマグネトロンスパッタで作製され，各層が室温で成膜されている．CFAS を成膜後，規則度を改善するため 500℃ で 30 分間熱処理され，CFAS は B2 構造であることが確認されている．素子サイズは電子ビームリソグラフィと Ar イオンミリングによって，$0.07 \times 0.14 \sim 0.20 \times 0.40\,\mu m^2$ の各種大きさをもつ楕円形に微細加工されている．図 7.5 に 14 K（a）および 290 K（b）における MR 曲線を示す[164]．低温で 80%，室温で 34% の MR 比が得られている．これらの値は通常の金属系，例えば Co/Cu や Co/Ag 多層膜などに比

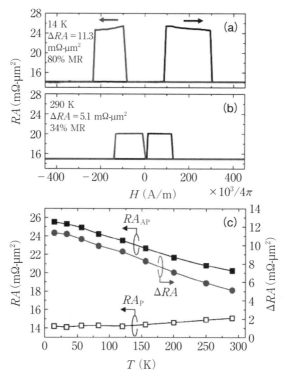

図 7.5　CFAS/Ag/CFAS 擬スピンバルブの（a）14 K および（b）290 K における MR 曲線．（c）RA_P，RA_{AP} および ΔRA の温度変化[164]．

7.1 ハードディスク用読み出しヘッド

べ1桁大きい．（c）には磁化の平行（P）状態の RA_P，反平行（AP）状態の RA_AP および ΔRA の温度変化を示している．温度上昇とともに，RA_P は若干増大し RA_AP は大きく低下しており，ΔRA の温度変化は RA_AP が支配的であることがわかる．

スピン依存バルク散乱と界面散乱の寄与を分離するために測定された，ΔRA および MR 比の CFAS 膜厚（t_F）依存性を図 7.6 に示す．ΔRA は t_F とともにはじめ増大し，14 K で 8 nm 以上，290 K では 4 nm 以上で一定値を取る．一方，t_F とともに抵抗が増大するので，MR 比は t_F に対して減少傾向にある．ΔRA は CFAS のスピン拡散長 l_sd が十分大きければバルク散乱が寄与し，t_F に比例して増大するはずであるが，低温でも 8 nm 以上で飽和していることから l_sd は短いことが予想される．図 7.6(b) の破線は l_sd が磁性層厚と同等，ま

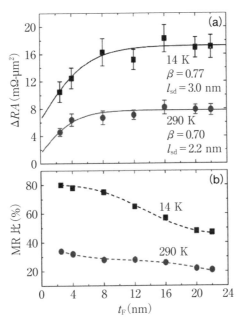

図 7.6 CFAS/Ag/CFAS 擬スピンバルブにおける ΔRA および MR 比の CFAS 層厚（t_F）依存性[164]．

たは小さい場合の一般的な Valet-Fert モデル[12]を用いて計算された結果である．得られた l_{sd} は 14 K で 3 nm，290 K で 2.2 nm である．また，図 7.6(a) の t_F が小さい領域における勾配から求められた β の値は，14 K および 290 K においてそれぞれ $\beta = 0.77$ および 0.70 である．

図 7.6(a) の切片はスピン依存界面散乱の寄与 (γ) であり，解析の結果，γ は 14 K で 0.93，室温で 0.77 と求められている[164]．CFAS/Ag/CFAS 系ではバルクに加え，界面でのスピン依存散乱の寄与が従来合金よりかなり大きいため，大きな CPP-GMR が得られたと言える．

CFAS/Ag/CFAS 系でなぜ γ が大きいのだろうか．電気抵抗は，電流方向に対する並進対称性の消失によって生じる．なぜならその場合，波数ベクトルが保存されず，電子散乱が生じるからである．多層膜では膜に垂直な方向に電流方向の並進対称性がないため，膜面に垂直方向の電流に対して電気抵抗が生じる．この場合，各層の電子状態の整合・不整合がスピンに依存し，それがスピン依存伝導の原因となる．CPP-GMR 膜ではトンネル接合と異なり，波数ベクトル $\mathbf{k}_{//} \neq 0$ の電子も伝導に寄与するので，x-y 2 次元面での伝導を考慮する必要がある[165]．(001) 配向した CFAS/Ag/CFAS エピタキシャル積層膜では，Ag と CFAS の 2 次元でのフェルミ面のマッチングが非常によいため，界面で $RA_{F/N}{}^{\uparrow}$ の方が $RA_{F/N}{}^{\downarrow}$ よりかなり小さく，それが γ の大きい要因である．

7.2 磁気抵抗効果型ランダムアクセスメモリ MRAM

7.2.1 MRAM の位置づけと開発動向

既存の半導体メモリである，スタティックランダムアクセスメモリ (SRAM) やダイナミック RAM (DRAM) は，動作が高速であり書き換え回数が無制限であるものの，揮発性であるため電源を切ると記憶が失われる．そのためこれらはそれぞれ，コンピュータの中のキャッシュメモリやワークメモリとして使用されている．一方，既存の不揮発性メモリであるフラッシュメモリは，セル面積が小さく大容量であるものの，書き換え時間が長くその回数にも制限があるため，携帯情報機器 (スマートフォンや携帯電話など) のプログラム

コードやデータのストレージメモリとして使用されている．強誘電体メモリ FeRAM も不揮発性であるが，容量が小さく大容量化が困難という課題を抱えている．それに対し，MRAM は不揮発性・高速書き換え・無限の書き換え耐性・大容量性を備えており，揮発性ワークメモリを置き換え得る，唯一の不揮発性汎用メモリとして期待されている．

　MRAM の研究開発は 1993 年頃から，巨大磁気抵抗(GMR)素子を用いて米国で始められたが，GMR 素子の抵抗が小さいため読み出し信号電圧が小さい．そのため，高速性よりも放射線耐性が重要視される，宇宙用など特殊な用途を目指していた．1995 年，抵抗の高い強磁性トンネル接合(MTJ)において室温で大きな TMR 比が見出されるに及び，翌年米国で，MTJ を用いる MRAM 開発の国家プロジェクトが発足した．その成果として，2006 年に 4 Mbit-MRAM が実用化された．その後，MRAM 開発は日本，欧州，韓国でも国家プロジェクトとして推進され，16 Mbit-MRAM が開発された．これらはいずれも書き込みに電流磁場を用いており，消費電力の問題でこれ以上の大容量化は望めなかった．これに対処するため，STT 書き込みを用いた MRAM の開発が推進され，2012 年，64 Mbit の STT-MRAM が Everspin Technologies 社(米国)によって開発され，翌年商品化されている[166]．STT 書き込みは電流磁場書き込みに比べ構造が簡素であり，スケーリングが可能でセルサイズを DRAM 並みに小さくできるため大容量化に向いている．DRAM では容量を維持するため，アスペクト比の非常に大きいキャパシタを作製する必要性から，$F = 22$ nm (10 Gbit 級相当)が限界とされている．そのため，現在，$F = 22$ nm の MRAM 開発が当面の目標になっている[167]．それを達成するための主な開発課題は，熱揺らぎ耐性に優れた TMR 比の大きい垂直磁化 MTJ(p-MTJ)の開発，および低電圧で高速書き込みができる技術の開発である．

7.2.2　MRAM の原理

　書き込みに電流磁場を用いる MRAM は図 7.7(a)に示すように，ビット線(BL)とワード線(WL)の 2 本の配線の交点に MTJ を 2 次元的に配列した構造からなり，MTJ は多層配線を介して MOS トランジスタ(MOSFET)の上に配置される．したがって，MRAM のメモリセルは一つの MTJ と一つの MOS-

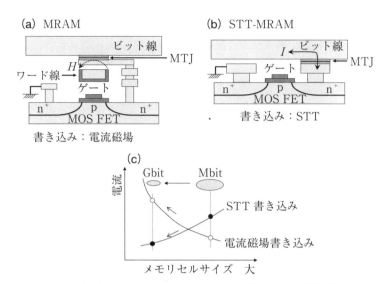

図 7.7 MRAM (a) および STT-MRAM (b) の構造, (c) 電流磁場書き込みと STT 書き込みに必要な電流とメモリセルサイズの関係の模式図.

FET からなる. このような構造が必要な理由は, MTJ 自体にセルを選択する機能がないため, MTJ のみでは高速読み出しができないことにある. MRAM は電流磁場で書き込むため, BL と WL の 2 本の配線に電流を流し, 交差する MTJ のフリー層の磁化を反転させる. 交差しない MTJ には BL あるいは WL からの電流磁場が加わるため (半選択), それによって磁化反転しないようにしなければならず, 書き込み電流の大きさがかなり制限される[168].

一方, STT-MRAM では MTJ に直接電流を流して書き込み, 読み出しは書き込みよりも小さな電流を流して行うため, 図 7.7 (b) に示すように書き込み WL が不要になる. そのため, 構造が簡素になるばかりでなく, セル面積の縮小, 半選択が避けられることによる MTJ の熱揺らぎ限界の緩和, および書き込み電流の低減 (低消費電力) などのメリットがあり, STT-MRAM は大容量化に適している. STT-MRAM の構造は DRAM や FeRAM に類似しており, それらに用いられるキャパシタを MTJ で置き換えたものに相当する. しかし, メモリとしての原理は両者で全く異なる. DRAM や FeRAM では, キャパシ

タに電荷が存在するか否かで"1", "0"を決めるが，MRAMでは，MTJを構成する二つの強磁性体の磁化が平行(P)と反平行(AP)で抵抗が互いに異なるTMR効果を利用し，それに応じて"1", "0"を決める．したがって，電荷のように時間とともに記憶が失われることはなく不揮発性であり，電源を切っても情報は無限に保持される．

MRAM (およびSTT-MRAM) の読み出しは，TMR効果を利用してPまたはAP状態の抵抗の違いから"1", "0"を判定するが，抵抗の絶対値で判定する方法はメモリセルのバラツキに弱いので，通常，"1", "0"に対応する抵抗の中間値をもつ参照セルを設け，参照セルの抵抗とメモリセルの抵抗を比較し，その大小関係から判定する方法が取られる．この方法では信号電圧としてはTMRの1/2しか利用できない．そのため，高速動作を行うためにはTMR比の大きなMTJ素子が必要になる．必要なTMR比は信号電圧V_sの大きさによって決まるが，DRAMの信号電圧は100 mV程度であり，MRAMでもその程度が要求される．素子サイズに応じてMTJの接合×面積(RA)の値が決まり，大容量化するほどRAを小さくしなければならない．読み出し時間，信号電圧などを設定して，MTJのTMR比や接合抵抗などのスペックが決まる．初期のMRAMの解説は他書[168])に譲り，ここではSTT-MRAM開発の現状と将来動向について解説する．

7.2.3 STT-MRAM開発の現状と将来動向

商品化されている64 MbのSTT-MRAMは，90 nmデザインルールに基づき作製されており，MTJは面内磁化をもつCoFeB電極とMgOバリアを採用している[166])．この程度の容量ではDRAM代替にはなり得ず，またフラッシュメモリが競合するため，64 MbのSTT-MRAMはまだ大きな市場を形成するに至っていない．DRAM代替を狙うにはギガビット級の大容量が対象になり，メモリセルサイズは100 nm以下が必要になる．この場合，面内磁化膜は一般に磁気異方性が小さいため，メモリ素子の微小化に伴う熱揺らぎ耐性の確保が困難なことから，大容量MRAMでは磁気異方性の大きい垂直磁化をもつMTJ (p-MTJ) が用いられる．垂直磁化に対するSTTのJ_{c0}は(6.11)式に示されており，閾値スイッチング電流I_{c0}は熱安定化因子Δに比例する．面内磁

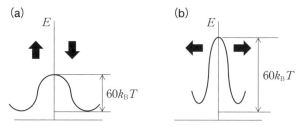

図7.8 垂直磁化(a)および面内磁化(b)の磁化反転に対するエネルギー障壁.

化膜に対する垂直磁化膜のメリットは,以下のようである.
(1) 大きな垂直磁気異方性を有するため,$F=22\,\mathrm{nm}$ 程度に微細化しても熱揺らぎ耐性($\Delta=60$)の確保が期待できる.
(2) メモリ素子のアスペクト比を1にすることができるため,DRAMと同等のセルサイズが可能になる.
(3) 閾値電流が熱安定化因子 Δ に比例するため,磁化反転で超えなければならないエネルギー障壁は記憶保持エネルギー Δ と同程度であり,反磁場エネルギーの項が加わる面内磁化膜に比べ書き込み効率がよい(図7.8).

上述のようにSTT-MRAMは現在,DRAMでの到達が困難な $F=22$ 以下の大容量化が目標とされている.その実現のためにはMTJの熱安定性の保証と高速書き込み・読み出しが要請され,磁気異方性 K_u が大きく,スピン分極率 P の大きい p-MTJ が必要である.どの程度の K_u が必要になるか見積もってみよう.円筒状のメモリセル(直径 D)を考え,熱安定化因子を $\Delta=K_\mathrm{u}V/k_\mathrm{B}T=60$ とすると,$K_\mathrm{u}t=2.48\times10^{-16}/(\pi(D/2)^2)\,(\mathrm{mJ/m^2})$ が得られる.一方バリアの寿命を考えると,書き込み時に加わるバイアス電圧 $V_\mathrm{b}=(RA)J_\mathrm{c0}$ は $500\,\mathrm{mV}$ 以下が必要であることから $(RA)J_\mathrm{c0}<0.5\,\mathrm{V}$ となり,J_c0 に対して(6.11)式を用いると,$RA<0.5/(2e/\hbar)(2\alpha/g(\theta))(K_\mathrm{u}t)=3.31\times10^2(g/\alpha)\pi(D/2)^2\,(\Omega\text{-m}^2)$ が得られる.典型的な値として $\alpha=0.01$,$g(\theta)=0.5$ を用いて計算された RA と $K_\mathrm{u}t$ の D 依存性を図7.9(a)に示す.これから $D=20\,\mathrm{nm}$ を実現するためには,$RA<5.2\,\Omega\text{-}\mu\mathrm{m}^2$,$K_\mathrm{u}t>0.8\,\mathrm{mJ/m^2}$ が必要であることが

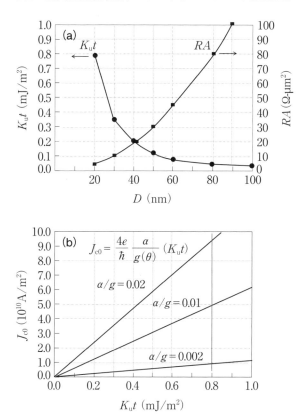

図 7.9 (a) $\Delta = 60$ および $\alpha/g = 0.01/0.5$ をもつ円筒状垂直磁化メモリセルに対して計算された直径 (D) と $K_u t$ および RA の関係，(b) α/g をパラメータとして計算された $K_u t$ と J_{c0} の関係．

わかる．(6.11)式から得られる J_{c0} と $K_u t$ の関係を，$\alpha/g(\theta)$ をパラメータとして図 7.9(b) に示す．$\alpha = 0.01$，$g(\theta) = 0.5$ を用いると，$K_u t = 0.8\,\mathrm{mJ/m^2}$ のとき，$J_{c0} = 9.7 \times 10^{10}\,\mathrm{A/m^2}$ が得られ，電流は $I_{c0} = J_{c0}A = 30.5\,\mu\mathrm{A}$ となる．したがって，$F = 22$ の STT-MRAM を実現するためには，$K_u t > 0.8\,(\mathrm{mJ/m^2})$，$RA < 5\,(\Omega\text{-}\mu\mathrm{m}^2)$，$J_{c0} < 1 \times 10^{11}\,(\mathrm{A/m^2})$ を満たし，かつ TMR 比 $> 150\%$ の MTJ を開発する必要がある．さらに，半導体とのプロセス両立性を考えると，MTJ には 400℃ までの耐熱性が要求される．これらを同時に満たすことは，

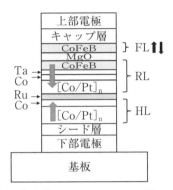

図 7.10　典型的なギガビット STT-MRAM 用 p-MTJ の積層構造.

かなり厳しい要件である．

　研究対象の p-MTJ は現在，図 7.10 に示すような積層構造が一般的である．すなわち，フリー層(FL)および参照層(RL)に CoFeB，バリアに MgO を使用した CoFeB/MgO/CoFeB を基本に，RL の CoFeB 層の保磁力を増大させるため，ブリッジ層(図 7.10 では Ta)を介して保磁力の大きい垂直磁化を示す Co/Pt 多層膜を強磁性結合させ，さらに RL から FL への磁界の漏れを防ぐため，Co/Pt 多層膜は Ru 層を介して他の Co/Pt 多層膜(HL)と反平行結合している．HL はシード層の上に成膜される．耐熱性はブリッジ層やキャップ層の材料に依存することが明らかにされており，Ta，Ru，Hf，W などの材料が調べられている．上記スペックを満たすためには，高 P 材料を用いることや，接合抵抗のより小さな新しいトンネルバリアの開発などを含め，総合的な対策が必要である．

　一方，小さな RA と大きな TMR 比の両立が求められる p-MTJ に対し，その制約が緩和される新たなアーキテクチャが検討されている．それは第 6 章で説明した，一つは磁化反転に電圧を利用するもの，もう一つは書き込みと読み出しの電流経路を分けることができる，スピン軌道相互作用を起源とするスピンホール効果やラシュバ効果の利用である．さらに，それらと STT との組み合わせによる磁化反転法の研究開発も進められている．

7.3 スピンフィルタデバイス

強磁性トンネル接合(MTJ)に用いられるバリアは非磁性絶縁体であるが,強磁性絶縁体をバリアに用いたらどうなるだろうか. 強磁性絶縁体では交換分裂 ΔE_{ex} により,バリア高さがスピンに依存する. したがって,電極が非磁性体でも強磁性バリアをトンネルした電流はスピン偏極している. このようなデバイスはスピンフィルタと呼ばれる. スピンフィルタの原理を模式的に図7.11 に示す. ここでは,↑スピン電子のバリア高さ($\phi_\uparrow$)の方が,↓スピン電子のそれ($\phi_\downarrow$)より低いと仮定している. トンネル過程でスピンが保存されるとすると,バリア厚さを s としたとき,トンネル電流密度 J はスピンに依存して $J_{\uparrow(\downarrow)} \propto \exp(-\sqrt{\phi_{\uparrow(\downarrow)}} s)$ で与えられ,バリア高さの指数関数に比例する. したがって,バリア高さの違いがわずかでも,↑スピンのトンネル確率は↓スピンのそれよりもかなり大きく,トンネル電流のスピン依存性が観測される. 図7.11 では電極の一方が非磁性体(NM),他方が強磁性体(FM)の場合を示しているが,このような構造では,FM 電極の磁化をスイッチして TMR を測定し, Julliere の式を用いてスピンフィルタ効率 P_{SF} を求めることができる. 交換分裂 ΔE_{ex} が十分大きければ,↑スピン電子のみがトンネルでき, $P_{SF} = 100\%$ が期待される.

スピンフィルタデバイス(SFD)と MTJ の特性の決定的な違いは, TMR 比のバイアス電圧(V_b)依存性である. MTJ では TMR 比は V_b とともに単調に

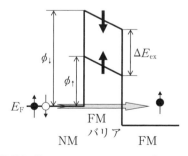

図7.11 強磁性絶縁体をバリアに用いたスピンフィルタの概念図.

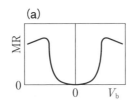

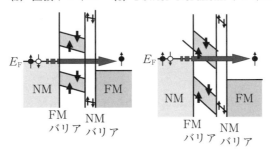

図 7.12　スピンフィルタデバイスの(a)MR のバイアス電圧依存性，(b)直接トンネル過程および(c)FN トンネル過程の模式図[169].

低下するが，SFD では図 7.12(a)に模式的に示すように，ある V_b で極大を取る．これは次のように理解される．図 7.12(b)に示すように，$V_b < \phi_\uparrow$ のとき電子のバリアを介した直接トンネル伝導が可能である．一方，$V_b > \phi_\downarrow$ では図 7.10(c)に示すように，↑スピン電子は伝導帯を介してトンネルする，いわゆるファウラー–ノードハイム(Fowler-Nordheim)(FN)トンネルが可能のためトンネル確率が大きいが，↓スピン電子は直接トンネルのままのためトンネル確率が小さく，結果として MR 比は V_b とともに初め増大する．V_b がさらに大きくなると，↑スピンおよび↓スピン電子がともに FN トンネル過程を経て G_{AP}/G_P が 1 に近づくため，MR 比が減少する[169]．ここで G_{AP}/G_P は，強磁性電極の磁化が反平行/平行の場合のトンネルコンダクタンスである．なお，図 7.12(b)，(c)では，バリアと強磁性電極間の磁気結合を切断するため，非磁性(NM)バリアが挿入されている．

SFD は当初 Esaki ら[3]によって研究され，トンネルバリアとしては EuS や EuSe などの磁性半導体が使用された．磁性半導体の場合，T_C が低いので室

温でのスピンフィルタ効果の観測は期待できない．最近は，T_C の高い $NiFe_2O_4$，$CoFe_2O_4$ などの磁性スピネルを使用して作製されている．しかし，厚さがナノメートルの欠陥のない磁性スピネルバリアの作製が難しく，現在までのところ P_{SF} は室温において 4% 程度と小さい[170),171)]．半導体の上に良質の磁性バリアを作製できれば，スピンフィルタは半導体への高効率スピン注入源として期待される．

7.4 スピン共鳴トンネル効果素子

バリアを二つ備えた強磁性2重トンネル接合(DMTJ)では，バリアに挟まれた中央の強磁性層の厚さが数 nm と薄い場合，図 7.13(a)に示すように，強磁性層内に量子井戸(QW)が形成され，量子化されたエネルギー準位は交換結合によりスピン分裂する．したがって，適当な外部電圧を印加すると，一方のスピンのみが量子準位を介してトンネルすることができるスピン共鳴トンネル

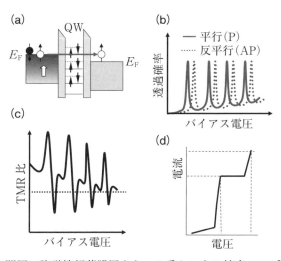

図 7.13　中間層に強磁性超薄膜層をもつ2重トンネル接合のスピン依存共鳴トンネル(a)，透過確率(b)および TMR 比(c)のバイアス電圧依存性，および電流-電圧曲線(d)の模式図．

(SRT)効果が発現し，TMR がエンハンスすることが考えられる．また，共鳴トンネルが生じるバイアス電圧は↑スピンと↓スピンで異なるので，図7.13(b)に示すように，両電極の磁化が平行(P)と反平行(AP)のときでトンネル確率が異なり，結果として図7.13(c)に示すように，TMR 比がバイアス電圧によって振動することが考えられる．共鳴準位は外部電圧で制御可能なので，TMR を電圧で制御できることになる．さらに，共鳴準位を介した電流は大きく流れるので，電流(I)-電圧(V)曲線は図7.13(d)に示すような階段状になることが期待される．このような SRT 効果素子を3端子で構成すれば，金属系のスピントランジスタを作ることができる．

Fe/MgO/Fe(001)エピタキシャル MTJ では，Δ_1 バンドのコヒーレントトンネルにより大きな TMR 比が観測されることを第4章で示した．したがって，MgO バリアを用いてエピタキシャル DMTJ を作製すれば，SRT の観測が期待される．しかし，MgO の上に非常に薄い Fe 層の連続膜を作製することは容易でない．一方，金属の Cr をバッファ層に用いると，比較的容易に SRT を観測することができる．**図7.14**(a)は Fe と Cr の [001]方向のバンド分散構造である．Cr の Δ_1 バンドに対して，Fe の少数スピンの $\Delta_{1\downarrow}$ バンドはエネルギーがほぼ等しいが，Fe の多数スピン $\Delta_{1\uparrow}$ バンドは大きなギャップをもつ．したがって，金属 Cr バッファ層を用いて MgO をバリアとする DMTJ を作製すれば，図7.14(b)に示すように，両者に挟まれた薄い磁性層内に $\Delta_{1\uparrow}$ スピンの量子井戸が形成され，SRT の観測が容易になる．

スピン共鳴トンネル効果は上記した MgO バッファおよび Cr バッファを用いて，MgO(100)基板/MgO バッファ/Fe/MgO/Fe(t)/MgO/Fe(100)DMTJ および MgO(100)基板/Cr バッファ/Fe(t)/MgO/Fe/CoFe/IrMn 交換バイアス型 DMTJ などにおいて観測されている[172],[173]．前者では $t=1.0$-1.5 nm において，バイアス電圧によるトンネルコンダクタンスの明瞭な振動が観測された[172]．後者ではスピン共鳴トンネルによる TMR のエンハンスが得られた[173]．また，I-V 曲線は，図7.13(d)のような理想的な階段状ではないものの，P 状態においてその兆候が観測された．今後，bcc 金属やフルホイスラー合金ハーフメタルとの格子整合の良い $MgAl_2O_4$ バリアを用いれば，より良質の SRT デバイスの作製が可能になり，明瞭な SRT 現象の観測が期待される．

7.5 半導体スピントロニクス

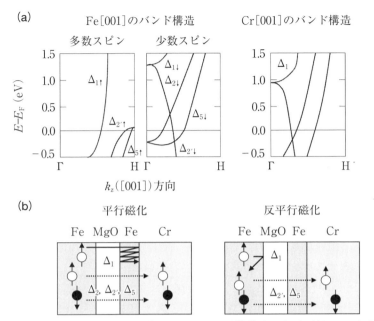

図 7.14 （a）Fe と Cr の [001] 方向のバンド分散構造，（b）平行および反平行磁化状態における，MgO と Cr の層に挟まれた薄い Fe 層内の $\Delta_{1\uparrow}$ バンドの量子井戸形成の有無を示す模式図[173]．

実際，Fe と $MgAl_2O_4$ バリアを用いた DMTJ が作製され，室温において 12 nm までの厚さの Fe 層内に明瞭なスピン QW が観測されるなど，研究が進展している[174]．

7.5 半導体スピントロニクス

7.5.1 半導体スピントロニクスへの期待

半導体デバイスは電子の電荷を利用するものであるが，現在，主として二つの点で将来の課題を抱えている．一つは揮発性であるため，大容量化に伴い消費電力や発熱の著しい増大が避けられず，動作速度が限界に達しつつあることである．もう一つはチャネル長がナノメートルサイズに達し，電界によるキャリアの制御が困難になり，原理的にスケーリングができなくなることである．

図7.15　現在のコンピュータの階層.

これらを根本的に解決する策として，CMOSを超える(beyond CMOS)新しい技術の創製が要請されている．その一つとして，半導体デバイスに新しい機能を付与する技術が考えられ，半導体にキャリアスピンを導入し，不揮発性を付与する半導体スピントロニクスが期待されている．

図7.15は現在のコンピュータの階層を示したものである．ロジックやレジスターにはアクセス速度の速いCMOSスイッチ，キャッシュメモリにはSRAM，そしてワークメモリ(メインメモリ)にはDRAMが用いられている．これらはいずれも揮発性であり，メモリを保持するための消費電力が大きい．一方，ストレージには不揮発性のフラッシュメモリやHDDが使用されているが，前者は書き換え回数に制限があり，後者はアクセス速度が遅いという課題がある．SRAMやDRAMは将来，STT-MRAMに代替されることが考えられるが，それが実現すると，CMOSスイッチに代わる高速アクセス可能な，不揮発性ロジック回路の開発が望まれ，その候補としてスピントランジスタが期待される．スピントランジスタによってCPUは不揮発性になり，ROMとRAMはSTT-MRAMに統合されて不揮発性RAMが実現する．

このような将来を目指して，これまでいろいろなタイプのスピントランジスタが提案された．スピントロニクスの研究が始まった当初は，金属系のいろいろな3端子デバイスが研究された．しかし，これらのデバイスでは，磁性体の磁化の平行(P)および反平行(AP)に対するコレクター電流の比(磁気電流比) $\gamma_{MC} = (I_0^P - I_0^{AP})/I_0^{AP}$ は大きいものの，半導体に比べて金属中の伝導電子の平均自由行程が非常に短いため，電流増幅機能が得られなかった．そのた

め,近年は全金属系ではなく磁性体/半導体ヘテロ構造を使用し,金属磁性体から半導体にスピンを注入する半導体スピントロニクスに注目が集まっている.その代表的なものにDatta-DasのスピンFET[25]と,菅原らが提唱したスピンMOSFET[26]がある.まず,半導体へのスピン注入に関する基本的な事柄について説明し,その後,上記デバイスの原理と特徴について概説する.

7.5.2 半導体中のスピン流の生成と検出

(A) スピン流による信号電圧

第3章で述べたように,金属強磁性体から半導体へ直接スピンを注入することは困難である.それを可能にするためには,両者の抵抗の大きなミスマッチを緩和する必要があり,間にバリアを挿入することが有効である[25),26),175].バリアとしては,ショットキーバリアと絶縁体バリアが考えられる.前者は,金属と半導体の接合界面に自然に形成されるものである.後者の絶縁体バリアには,Al_2O_3やMgOなどが使用される.いずれの場合も界面抵抗を下げてスピンを注入しやすくするため,半導体に電子またはホールを高濃度(10^{18}～10^{19} cm^{-3}程度)にドープする(ショットキーバリアでは空乏層の厚さを薄くする)ことが有効である.また,界面近傍のみを高濃度にドープする,δドーピング法も有効である.半導体中のスピンの検出は,初期の頃にはスピンLEDなど光学的手段を用いて行われていたが,最近は非局所法や,一つのコンタクトでスピン注入と検出を行う3端子素子など,デバイス特性を評価しやすい電気的手法が用いられる.スピン検出に関しては,AMRやホール効果などの寄生的な磁気抵抗効果と区別するため,ハンル(Hanle)効果の測定が欠かせない.ハンル効果は図7.16に示すように,注入されたスピン流に対して垂直に磁場(H)を印加したとき,スピンがその周りにラーモア周波数$\omega_L = \gamma H = g\mu_B H/\hbar$で歳差運動し,スピン蓄積$\Delta\mu$が(7.1)式に従って緩和する現象である[7),176].

$$\Delta\mu(H) = \Delta\mu(0)/[1+(\omega_L \tau_s)^2] \qquad (7.1)$$

ここでgはランデのg因子,μ_Bはボーア磁子,τ_sはスピン緩和時間である.ハンル効果を測定することで,半導体中のスピン緩和時間,スピン拡散長およびスピン分極率などを求めることができる.

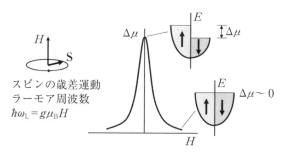

図 7.16 ハンル効果の説明図. 注入されたスピン流に対して垂直に磁場(H)を印加したとき, スピンがその周りにラーモア周波数で歳差運動し, スピン蓄積 $\Delta\mu$ が緩和する.

スピン蓄積の大きさは, 接合抵抗 R と接合面積 A の積 RA が $RA \gg \rho l_{sd}$ のとき, 理論的に次式で与えられる[177].

$$(\Delta R)A = P^2 \rho l_{sd} \tag{7.2}$$

ΔR はハンル測定で得られる抵抗変化, P はトンネルスピン分極率, A は接触面積, ρ は半導体の比抵抗, l_{sd} は半導体のスピン拡散長である. 磁性体と半導体の界面にラフネスが存在する場合, ハンル測定で得られるスピン蓄積の大きさは, ラフネスに伴う局所的な静磁場の影響を受けてスピンが緩和するため低下し, 真の値が得られない. これは逆ハンル (inverted Hanle) 効果と呼ばれる[177]. この場合, 面内に磁場を印加して局所的な静磁場を打ち消すことで, スピン蓄積が回復する. したがって, 磁場を直直に印加したときと, 面内に印加したときの誘起電圧の差が, 真のスピン蓄積を与える. CoFe/MgO/n-Si における実験例を, 図 7.17 に示す[178].

非局所法を用いて得られるスピン緩和率や信号電圧の大きさは, 測定法によって異なるので注意を要する. 図 7.18(a) は, 3 端子デバイス構造における, 半導体 (n-Si) へのスピン注入の模式図である[179]. 両端の磁性電極の一方から, バリアを介して n-Si にスピンが注入される. このとき, スピンは界面に蓄積する (図 7.18(b)). 磁性電極と, それから l_{sd} の数倍以上離れた位置に置かれた中央の電極との間に, スピン蓄積 $\Delta\mu = \mu^\uparrow - \mu^\downarrow$ に伴う電圧, $\Delta V = P \times \Delta\mu/2$ が誘起する. このような 3 端子非局所デバイスでは, トンネルコン

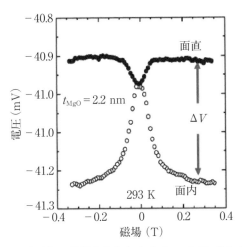

図 7.17 面内および面直に磁場を印加したときの CoFe/MgO/n-Si におけるスピン蓄積による信号電圧の磁場依存性[178].

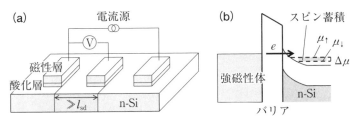

図 7.18 （a）スピン蓄積を評価するための3端子デバイス構造および（b）n-Si と磁性体が接触した界面におけるスピン蓄積[179].

タクト近傍の半導体中のスピン蓄積を検出しており，スピン流を検出していない．

　スピン流を検出するためには，4端子非局所デバイスを用いることが有効である．この方法は**図 7.19** に示すように，端子1，2間に電流を流し，端子3，4間でスピン流による誘起電圧を測定する方法である[180]．ここで，端子1，4は非磁性体，端子2，3は強磁性体である．誘起電圧は，端子2，3間の距離 d

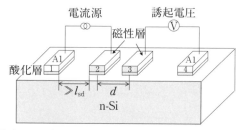

図7.19 半導体中のスピン流による誘起電圧を検出するための4端子非局所法[180].

の関数として次式で与えられる.

$$\Delta V_{\rm NL} = \frac{\rho P_{\rm inj} P_{\rm det} l_{\rm sd}}{A} I \exp\left(-\frac{d}{l_{\rm sd}}\right) \tag{7.3}$$

ここで P, ρ および A はそれぞれ半導体中のスピン分極率,半導体の比抵抗および接合面積である.この式は $d=0$ のとき(7.2)式を与える.

(B) Siへのスピン注入

Siへの最初のスピン注入は,ホットエレクトロンを用いて2007年に行われた[181),182)].一方2009年,$Ni_{80}Fe_{20}$ から,高濃度にドープされたn型およびp型Siへのスピン注入が,Al_2O_3 バリアを介して室温で観測された[183).このときのSiのキャリア密度は $1.8 \times 10^{19}\,\mathrm{cm}^{-3}$ である.このような高濃度にドープされたSiでは,空乏層(ショットキーバリア)の厚さが薄く,トンネル伝導は主として,Al_2O_3 バリアを介して行われる.測定されたハンル効果による電圧 ΔV とその温度依存性を,図7.20に示す.ΔV の外部磁場(H)依存性は,ローレンツ曲線(7.1)式でフィッティングされ,スピン蓄積は室温でも観測される.Al_2O_3-NiFe接合の室温での $P=0.3$ を用いて,図7.20(a)から $H=0$ において $\Delta\mu=1.2\,\mathrm{meV}$ が,半値幅から $\tau_s=142\,\mathrm{ps}$ が,それぞれ室温で求められた.これを $l_{\rm sd}=(D\tau_s)^{1/2}$ (D はSi中の電子の拡散定数)に代入し,$D=3.7\times 10^{-4}\,\mathrm{m^2/sec}$ を用いて,室温でのSiのスピン拡散長 $l_{\rm sd}=230\,\mathrm{nm}$ が得られた.p-Siについても実験が行われ,室温で $\tau_s=270\,\mathrm{ps}$, $l_{\rm sd}=310\,\mathrm{nm}$ が求められている.

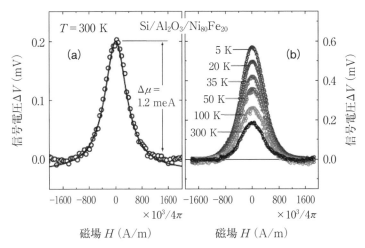

図7.20 （a）n-Si-Al$_2$O$_3$-Ni$_{80}$Fe$_{20}$ 3端子デバイスにおける，室温で検出された ΔV の外部磁場依存性(膜面に垂直に印加)．実線は $\tau = 142$ ps を用いて得られるローレンツ曲線，（b）検出された ΔV の温度依存性[183]．

図7.19の4端子デバイスにおいて，ハンル効果の d 依存性から n-Si 中のスピン緩和時間およびスピン分極率の温度変化が求められている[183]．得られた室温におけるスピン緩和率は1.3 ns であり，これはスピン拡散長 $l_{sd} = 600$ nm に相当する．これらの値は，上記3端子法で得られた値よりかなり大きい．一方，室温でのスピン分極率は1%程度と小さい．半導体へのスピン注入効率を向上させることが今後の課題である．

7.5.3 代表的なスピントランジスタ

（A） スピンFET

スピンFETは図7.21に模式的に示すように，半導体ヘテロ界面に生じる2次元電子ガス(2 DEG)に注入されたスピンを，ラシュバのスピン軌道相互作用を介してゲート電圧でスピンを反転させるものである．ラシュバのスピン軌道相互作用エネルギーは第3章で述べたように，(7.4)式のように書ける．ここで，$\mathbf{E}$ は電場，$\boldsymbol{\sigma}$ はパウリマトリックス，m^* は電子の有効質量，c は光速，

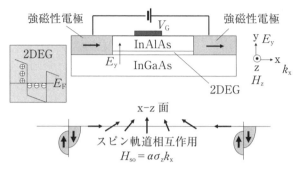

図 7.21 スピン FET の原理を示す図[34].

k は電子の波数ベクトルである.

$$E = \frac{\hbar^2}{4m^{*2}c^2}\boldsymbol{\sigma}\cdot(\mathbf{E}\times\mathbf{k}) \tag{7.4}$$

電場の方向を図 7.21 のように y 軸にとると，(7.4)式は(7.5)式になる.

$$E = \alpha(\sigma_z k_x - \sigma_x k_z),$$
$$\alpha = \hbar^2 E_y / 4m^{*2}c^2 \tag{7.5}$$

α はラシュバパラメータであり，面垂直方向のポテンシャルの大きさを表しているが，表面や界面が固有にもつ勾配だけでなく，外部電場(図 7.21 のゲート電圧，V_G)で作られる勾配により，α の大きさを調整することが可能である.

以上のことからラシュバのハミルトニアンは以下のように書ける.

$$H = \frac{\hbar^2 k^2}{2m^*} + \alpha(\sigma_z k_x - \sigma_x k_z) \tag{7.6}$$

電子の運動方向を x 軸にとると，(7.6)式のエネルギーは(7.7)式のようになる.

$$E_z = \frac{\hbar^2 k_{x1}^2}{2m^*} - \alpha k_{x1}$$
$$E_{-z} = \frac{\hbar^2 k_{x2}^2}{2m^*} + \alpha k_{x2} \tag{7.7}$$

これはスピン軌道相互作用に基づく磁場によって，スピン縮退が解けていることを意味する.(7.7)式の二つのエネルギーは等しいので，運動量の差は

$$k_{x1} - k_{x2} = \frac{2m^*\alpha}{\hbar^2} \tag{7.8}$$

となる．電子の移動距離を L とすると，

$$\Delta\theta = (k_{x1} - k_{x2})L = \frac{2m^*\alpha}{\hbar^2}L \tag{7.9}$$

は位相シフトを表す．すなわち，電子の運動に伴い(7.9)式に相当する位相だけスピンが回転する．スピンは $\Delta\theta = \pi$ のとき反転し，$\Delta\theta = 2\pi$ のとき元に戻る．したがって，図7.21に示すように，ソースとドレインに強磁性体を用いて磁化を同じ向きに設定し，ゲート電界で $\Delta\theta$ を π と 2π に制御すれば，$\Delta\theta = 0$ のとき電流が流れ，$\Delta\theta = \pi$ のとき流れない．

スピンFETは磁場あるいは電流を用いてスピン反転を行う必要がないという，非常に大きなメリットを有する．しかし，ラシュバのスピン軌道相互作用はあまり大きくないので，電場でスピンを反転させるためにはチャネル長が長くなり，スケーリングが難しいという課題がある．

(B) スピンMOSFET

スピンMOSFETは，MOSトランジスタにスピン機能が付与されたデバイスである．**図7.22**はスピンMOSFETの回路(a)，デバイス構造(b)および出力特性((c)，(d))の模式図である[35]．ここで V_I は入力電圧，I_O は出力電流である．スピンMOSFETでは，ソースとドレインに強磁性体を用い，一方の強磁性体の磁化を他方に対してPあるいはAPに制御することで，伝達コンダクタンス $g_m(= \partial I_O/\partial V_I)$ の違いを得る．g_m は入力電圧(ゲート電圧)による出力電流の駆動能力を表す．一般に g_m はP状態で大きく，AP状態で小さい(図7.22(c)，(d))．したがって，スピンMOSFETは g_m を可変できるトランジスタであると言える．PおよびAP状態における出力電流をそれぞれ $I_O{}^P$，$I_O{}^{AP}$ と書くと，磁気電流比 $\gamma_{MC} = (I_O{}^P - I_O{}^{AP})/I_O{}^{AP}$ がスピンMOSFETの性能指数となる．一つのトランジスタで電流駆動能力を切り替えることができれば，わずかな数のトランジスタのみで，高機能・多機能の集積回路を実現できる．スピンMOSFETはさらに，電流駆動能力を磁化状態として不揮発にできるという特徴をもつ．

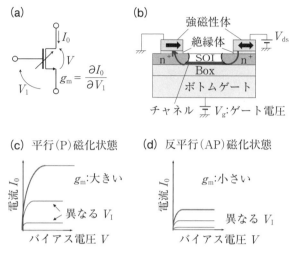

図7.22 スピン MOSFET の(a)基本回路, (b)デバイス構造, (c)および(d)はそれぞれ P および AP 状態に対するドレイン電流の模式的バイアス電圧依存性[35].

スピントランジスタを能動デバイスとして集積回路に対応させるためには, 以下のようなトランジスタとしての性能が求められる[35].
(1) 大きな磁気電流比 γ_{MC}
(2) 高い電流駆動能力(大きな g_m)
(3) 増幅能力
(4) 低い電力遅延積と低いオフ電流(高集積密度および低消費電力)
(5) 半導体(特に Si)テクノロジーに整合するデバイス構造
(6) 良好なサブスレッショルド(S)特性(S はドレイン電流を 1 桁変化させるのに必要なゲート電圧)

スピン MOSFET は, このような機能を原理的に満たすスピントランジスタとして提案された. 動作原理は MOSFET と基本的には同じであるが, 上述のようにソースとドレインの磁化状態によって出力特性が変化する. ゲート電圧を印加しない状態では, ソースの pn 接合またはショットキー接合により, ソースからキャリアは注入されない. ゲート電圧を印加すると, ソースの pn

接合の拡散電位またはショットキー障壁幅が減少するなどして，ソースからスピン流がチャネル領域に注入される．このとき，チャネル長をキャリアのスピン拡散長より短く設計すれば，ソースとドレインの磁化状態（PまたはAP）によって異なる抵抗が得られる．PまたはAP状態はソースまたはドレイン電極の磁化を反転させることで実現でき，STTスイッチングを利用できる．スピンMOSFETは不揮発性メモリに利用できるほか，論理機能を再構成できる不揮発性の論理回路（シリコンフィギュラブル論理回路）を構成できる[184]．

第8章

スピントロニクスの新展開

スピントロニクスでは継続して新しい現象が発見されている．その中で熱電変換の新しいパラダイムとして今後の展開が期待される，熱とスピン流に関わる現象を概説する．この新しい研究領域はスピンカロリトロニクスと呼ばれている．

8.1 スピンゼーベック効果

スピントロニクスはスピン依存散乱を起源とする巨大磁気抵抗効果に端を発し，その後の研究の中心はスピン流に基づいている．スピン流は強磁性体を流れるスピン偏極電流，および強磁性体から非磁性体へのスピン注入やスピンポンピングによって生成することができ，さらにはスピンホール効果を利用すれば強磁性体を使用せずにスピン流を実現できることを説明した．一方，伝導電子の関与がなくても，温度勾配によってスピン流を生成できることが最近発見され[185),186)]，それはスピンゼーベック効果(spin Zeebeck effect)と呼ばれている．

まずゼーベック効果とは図8.1に示すように，異なる二つの金属や半導体の接合部に温度差を設けると，高温から低温へ熱が流れるとともに，高温部から低温部へ電子の実質的な流れ，つまり電流が生じ，開回路であれば両端に起電力が発生する現象であり，1823年トーマス・ゼーベックによって発見された．温度計測用に用いられている熱電対は，この現象を利用している．一方，スピンゼーベック効果は図8.2に示すように，長方形の磁性体の片方の端子に非磁性体(金属，半導体，絶縁体)を接合し，磁性体の両端に温度勾配ΔTを付けると，温度勾配に沿った方向に磁性体中をスピン波が伝搬し，それは界面を介して非磁性体にスピン流を誘起し，逆スピンホール効果によって非磁性体の両端に起電力が発生する現象である．これまでスピン流は，伝導電子の逆

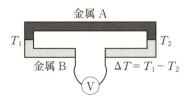

図8.1 ゼーベック効果の模式図．異なる金属を接合すると電流が流れ，他の両端に起電力が発生する．

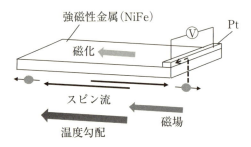

図8.2 スピンゼーベック効果の模式図．強磁性体(NiFe)に温度勾配を付けることで発生したマグノンの密度分布が駆動源となり，界面を介して非磁性体(Pt)にスピン流を誘起し，それが逆スピンホール効果によって電流に変換され両端に起電力が発生する．

向きのスピンが互いに逆方向に運動することで運ばれる(スピン磁気モーメントの流れ)ことを説明してきたが(図3.7)，このスピン流はスピン拡散長を超えるとゼロになり，その大きさはナノメートルのオーダである．しかし，スピンゼーベック効果は磁性体の長さがミリメートルサイズでも観測され，スピン流の起源が従来とは異なる．この場合のスピン流はスピン波によって運ばれ，スピン波スピン流と呼ばれる．温度勾配を設けることでスピン系の励起状態の一つであるマグノンに密度分布が生じ(図8.3)，それがスピン流の駆動源となるのである．スピン波スピン流は金属や半導体だけでなく絶縁体でも強磁性であれば生じる．実際，絶縁性フェリ磁性体 $Y_3Fe_5O_{12}$(YIG)を用いてスピン波スピン流が観測されている[187]．

最初のスピンゼーベック効果の観測実験は，磁性体としてNiFe合金，非磁

8.1 スピンゼーベック効果

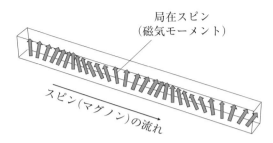

図 8.3 スピン波スピン流の模式図．局在スピンの集団運動(スピン波またはマグノン)がスピン角運動量を輸送．

性体として Pt を用いて行われた[185]．図 8.2 のように NiFe の長さ方向に磁場を印加してスピンを揃え，片方を加熱して温度勾配を付ける．生成したスピン波は界面を介して Pt 内にスピン流を誘起し，それは逆スピンホール効果によって Pt の幅方向の起電力に変換される．逆スピンホール効果による電場 $\mathbf{E}_{\mathrm{ISHE}}$ は磁化の方向に平行なスピン偏極ベクトル $\boldsymbol{\sigma}$ とスピン流 $\mathbf{J}_\mathrm{s}$ の方向に垂直であり，(8.1)式で与えられる．θ_{SH} および ρ はそれぞれ，スピンホール角および非磁性金属の比抵抗である．

$$\mathbf{E}_{\mathrm{ISHE}} = (\theta_{\mathrm{SH}}\rho)\mathbf{J}_\mathrm{s} \times \boldsymbol{\sigma} \tag{8.1}$$

ここで，スピンゼーベック係数の値を評価してみよう．NiFe の高温側に誘起されるスピン電圧は(8.2)式で与えられる．

$$\mu_\uparrow - \mu_\downarrow = eS_\mathrm{s}\Delta T/2 \tag{8.2}$$

ここで，$\mu_\uparrow$ および $\mu_\downarrow$ はそれぞれ↑スピンおよび↓スピンの化学ポテンシャル，e は電子の電荷，S_s はスピンゼーベック係数，ΔT は温度差である．このスピン電圧はスピンを Pt に注入し，逆スピンホール効果によって Pt の幅方向の両端に電圧 V を誘起する．その大きさは(8.3)式で与えられる[185]．ここで θ_{Pt}, $\eta_{\mathrm{NiFe\text{-}Pt}}$ はそれぞれ Pt のスピンホール角および NiFe から Pt へのスピン注入効率であり，L_{Pt} および d_{Pt} はそれぞれ Pt の長さと厚さである．

$$V \sim \theta_{\mathrm{Pt}}\eta_{\mathrm{NiFe\text{-}Pt}}(L_{\mathrm{Pt}}/d_{\mathrm{Pt}})S_\mathrm{s}\Delta T/2 \tag{8.3}$$

実験では $L_{\mathrm{Pt}} = 4$ mm, $d_{\mathrm{Pt}} = 10$ nm が用いられ $L_{\mathrm{Pt}}/d_{\mathrm{Pt}} = 4 \times 10^5$ であり，実測値 $V/\Delta T = 0.25\ \mu\mathrm{VK}^{-1}$ および $\eta_{\mathrm{NiFe\text{-}Pt}} \sim 0.2$, $\theta_{\mathrm{Pt}} = 0.0037$ を用いて，室温で S_s

$= -2\,\mathrm{nVK^{-1}}$ が求められた[185]．得られた $V/\Delta T$ の値は $\Delta T = 20\,\mathrm{K}$ のとき $V = 5\,\mathrm{\mu V}$ に相当する．

8.2 磁性絶縁体を用いたスピンゼーベック効果の観測

　絶縁性磁性体では伝導電子が関与する従来のスピン流を生成することはできないが，スピン波スピン流を利用すればそれが可能になる．$Y_3Fe_5O_{12}$(YIG)を用いて，図8.4に示すような実験が行われた[188]．YIGのy方向に磁場を印加して磁化をy方向に向かせ，z方向に温度勾配を付けると，y方向にスピン分極したスピン波によってPt薄膜内にスピン流が生成し，逆スピンホール効果によってx方向に電流が流れ，両端に起電力が発生する．図8.5は実験結果である．θ は x-y 面内での x 軸と磁場($H = 1\,\mathrm{kOe}$)の印加方向のなす角度である．$\theta = 90°$ の場合，ΔT に比例した電圧が観測されている．一方，(8.1)式から予想されるように，$\theta = 0$ の場合には電圧は観測されない．

　スピンゼーベック効果の応用として，微小熱電変換素子が期待されている．ゼーベック効果と同様の構造において，接合リングに電流を流すと二つの接合部に温度勾配が生じる．これはペルチェ効果として知られている．これに対応したスピンペルチェ効果(spin Peltier effect)も観測されている[189],[190]．このような熱とスピン流に関わる研究領域は，スピンカロリトロニクス(spin

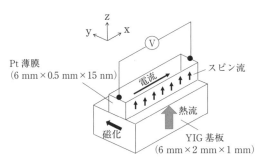

図8.4　絶縁性磁性体(YIG)を用いたスピンゼーベック効果の観測のセットアップの模式図[188]．

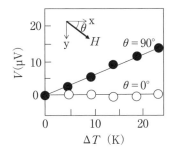

図 8.5 外部磁場の方向(θ)をパラメータとする Pt 薄膜内の誘起電圧(V)の温度差(ΔT)依存性[188].

caloritronics)[191]と呼ばれ，スピントロニクスの新たな研究領域として期待されている．

参 考 文 献

1) N. F. Mott, Proc. Roy. Soc. A **153**, 699(1936).
2) A. Fert and I. A. Campbell, Phys. Rev. Lett., **21**, 1190(1968).
3) L. Esaki, P. J. Stiles and S. Von Molnar, Phys. Rev. Lett., **19**, 852(1967).
4) P. M. Tedrow and R. Meservey, Phys. Rev. Lett., **26**, 192(1971).
5) M. Julliere, Phys. Lett., A **54**, 225(1975).
6) S. Maekawa and O. Gafvert, IEEE Trans. Magn. MAG-**18**, 707(1982).
7) M. Johnson and R. H. Silsbee, Phys. Rev. Lett., **55**, 1790(1985).
8) 新庄輝也,「人工格子入門」, 内田老鶴圃(2002).
9) M. N. Baibichi, J. M. Broto, A. Fert, F. Nguyen Van Dau, F. Petroff, P. Etinne, G. Creuzet, A. Friedrich and J. Chazelas, Phys. Rev. Lett., **61**, 2472(1988).
10) G. Binasch, P. Grunberg, F. Sauenbach and W. Zinn, Phys. Rev. B **39**, 4828(1989).
11) M. A. M. Gijs, S. K. J. Lenczowski and J. B. Giesbers, Phys. Rev. Lett., **70**, 3343(1993).
12) T. Valet and A. Fert, Phys. Rev. B **48**, 7099(1993).
13) T. Miyazaki and N. Tezuka, J. Magn. Magn. Mater. **139**, L231(1995).
14) J. S. Moodera, L. R. Kinder, T. M. Wong et al., Phys. Rev. Lett., **74**, 3273(1995).
15) J. Mathon and A. Umerski, Phys. Rev. B **63**, 220403(2001).
16) W. H. Butler, X. G. Zhang, T. C. Schulthess and J. M. MacLaren, Phys. Rev. B **63**, 054416(2001).
17) S. S. P. Parkin, C. Kaiser, A. Panchula et al., Nat. Mater., **3**, 862(2004).
18) S. Yuasa, T. Nagahama, K. Fukushima et al., Nat. Mater., **3**, 868(2004).
19) L. Berger, J. Appl. Phys., **3**, 2196(1987).
20) J. C. Slonczewski, J. Magn. Magn. Mater., **159**, L1(1996).
21) L. Berger, Phys. Rev. B **54**, 9353(1996).
22) R. A. deGroot, F. M. Mueller, P. G. Van Engen and K. H. J. Buchow, Phys. Rev. Lett., **50**, 2024(1983).

23) K. Inomata, S. Okamura, R. Goto and N. Tezuka, Jpn. J. Appl. Phys., **42**, L419 (2003).
24) R. Shan, H. Sukegawa, W. H. Wang, M. Kodzuka, T. Furubayashi, T. Ohkubo, S. Mitani, K. Inomata and K. Hono, Phys. Rev. Lett., **102**, 246601 (2009).
25) G. Schmidt, D. Ferrand, L. W. Molenkamp et al., Phys. Rev. B **62**, 4790 (2000).
26) E. I. Rashba, Phys. Rev. B **62**, R16267 (2000).
27) S. Von Molnar and S. Methfessel, J. Appl. Phys. **28**, 959 (1967).
28) T. Kasuya and A. Yanase, Rev. Mod. Phys., **40**, 684 (1968).
29) F. Furdyna, J. Appl. Phys. **64**, R29 (1988).
30) H. Munekata, H. Ohno, S. Von Molnar, A. Segmuller and L. L. Chang, Phys. Rev. Lett., **56**, 777 (1989).
31) H. Ohno, H. Munekata, T. Penny, S. Von Molnar and L. L. Chang, Phys. Rev. Lett., **68**, 2664 (1992).
32) S. Kashihara, A. Oiwa, M. Hirasawa, S. Katsumoto, Y. Iye, C. Urano, H. Takagi and H. Munekata, Phys. Rev. Lett., **78**, 4617 (1997).
33) H. Ohno, D. Chiba, F. Matsukura, T. Omiya, E. Abe, T. Dietl, Y. Ono and K. Ohtani, Nature, **408**, 944 (2000).
34) S. Datta and B. Dass, Appl. Phys. Lett., **56**, 665 (1990).
35) S. Sugahara and M. Tanaka, Appl. Phys. Lett., **84**, 2307 (2004).
36) 例えば，井上順一郎，伊藤博介，「スピントロニクス　基礎編」，共立出版 (2010)；宮崎照宣，「スピントロニクス」，日刊工業新聞社 (2004).
37) 例えば，"Handbook of Spin Transport and Magnetism", edited by E. Y. Tsymbal and I. Zutic, CRS Press (2012), "Concept in Spin Electronics", edited by S. Maekawa, Oxford University Press (2005).
38) 強磁性体の磁性を学ぶのに適した教科書として例えば，近角聡信，「強磁性体の物理　上・下」（第8版），裳華房 (1988).
39) 例えば，M. Ogiwara, S. Iihama, T. Seki, T. Kojima, S. Mizukami, M. Mizoguchi and K. Takanashi, Appl. Phys. Lett., **103**, 242409 (2013).
40) J. Bass and W. P. Platt Jr., J. Magn. Magn. Mater. **200**, 274 (1999).
41) R. J. Soulen Jr., J. M. Byers, M. S. Osofsky et al., Science **282**, 85 (1998).
42) S. I. Kiselef, J. C. Sankey, I. N. Krivorotov, N. C. Emley, R. C. Schoelkopf, R. A. Burman and R. C. Ralph, Nature, **425**, 380 (2003).

参考文献

43) B. Gu, I. Sugai, T. Ziman, G. Y. Guo, N. Nagaosa, T. Seki, K. Takanashi and S. Maekawa, Phys. Rev. Lett., **105**, 216401(2010).
44) M. Yamanouchi, L. Chen, J. Kim, M. Hayashi et al., Appl. Phys. Lett., **102**, 212408(2013).
45) Chi-Feng Pai, L. Liu, Y. Li, H. W. Tseng, D. C. Ralph et al., Appl. Phys. Lett., **101**, 122404(2012).
46) Y. Tserkovnyak, A. Brataas and G. E. W. Bauer, Phys. Rev. Lett., **88**, 117601 (2012).
47) P. Grunberg, R. Schreiber, Y. Pang, M. B. Brodsky and H. Sowers, Phys. Rev. Lett., **57**, 2442(1986).
48) D. H. Mosca, F. Petroff, A. Fert et al., J. Magn. Magn. Mater., **94**, L1(1991).
49) S. S. P. Parkin, R. Bhada and K. P. Roche, Phys. Rev. Lett., **66**, 2152(1991).
50) S. S. P. Parkin, N. More and K. P. Roche, Phys. Rev. Lett., **64**, 2304(1990).
51) 猪俣浩一郎,斎藤好昭,奥野志保,マテリア(日本金属学会誌),**36**, 152 (1997).
52) S. N. Okuno and K. Inomata, Phys. Rev. Lett., **72**, 1553(1994).
53) E. Hirota, H. Sakakima and K. Inomata, "Giant Magneto-Resistance Devices", Springer(2001).
54) T. Shinjo and H. Yamamoto, J. Phys. Soc. Jpn., **59**, 3061(1990).
55) B. Dieny, V. S. Speriosu, S. S. P. Parkin et al., Phys. Rev. B **43**, 1297(1991).
56) J. Hong, K. Nomura, E. Kanda and H. Kanai, Appl. Phys. Lett., **83**, 960(2003).
57) Z. Q. Lu, G. Pan, A. A. Jibouri and Y. Xheng, J. Appl. Phys., **91**, 287(2002).
58) S. Y. Hsu, A. Barthelemy, P. Holody, R. Loloee, P. A. Schroeder and A. Fert, Phys. Rev. Lett., **78**, 2652(1997).
59) J. M. De Teresa et al., J. Magn. Magn. Mater., **211**, 160(2000).
60) S. S. P. Parkin, K. P. Roche, M. G. Samant et al., J. Appl. Phys., **85**, 5828(1999).
61) J. G. Simmons, J. Appl. Phys., **34**, 1793(1963).
62) R. C. Sousa, P. P. Freitus, V. Chu and J. P. Conde, Appl. Phys. Lett., **74**, 3893 (1999).
63) J. Moodera and G. Mathon, J. Magn. Magn. Mater., **200**, 248,(1999).
64) C. H. Shan, J. Nowak, R, J. Jansen and J. S. Moodera, Phys. Rev. B, **58**, R2917 (1998).

65) X. G. Zhang and W. H. Butler, Phys. Rev. B **70**, 172407(2004).
66) S. Yuasa, A. Fukushima, H. Kubota, Y. Suzuki and K. Ando, Appl. Phys. Lett., **89**, 042505(2006).
67) D. D. Djayaprawira, K. Tsunekawa, M. Nagai, H. Maehara et al., Appl. Phys. Lett., **86**, 092502(2005).
68) K. Tsunekawa, D. D. Djayaprawira, M. Nagai, H. Maehara et al., Appl. Phys. Lett., **87**, 072503(2005).
69) S. Yuasa and D. D. Djayaprawira, J. Phys. D : Appl. Phys., **40**, R337(2007).
70) Y. M. Lee, J. Hayakawa, S. Ikeda, F. Matsukura and H. Ohno, Appl. Phys. Lett., **90**, 212507(2007).
71) S. Ikeda, J. Hayakawa, Y. Ashizawa, Y. M. Lee et al., Appl. Phys. Lett., **93**, 082508(2008).
72) G.-X. Miao, K. B. Chetry, W. H. Butler, G. Xiao et al., J. Appl. Phys., **99**, 08T305 (2006).
73) J. M. Teixeira, V. Ventura, J. B. Sousa, P. P. Freitas et al., Appl. Phys. Lett., **96**, 262506(2010).
74) C. Tiusan, M. Sicot, J. F. Vinsent et al., J. Phys.: Condens. Matter, **18**, 941 (2006).
75) H. Sukegawa, H. Xiu, T. Ohkubo, K. Inomata et al., Appl. Phys. Lett., **96**, 212505(2010).
76) M. Belmoubarik, H. Sukegawa, T. Ohkubo, S. Mitani and K. Hono, Appl. Phys. Lett., **108**, 132404(2016).
77) H. Sukegawa, Y. Miura, M. Shirai, K. Inomata et al., Phys. Rev. B **86**, 184401 (2012).
78) S. Monso, B. Rodmacq, S. Auffret et al., Appl. Phys. Lett., **80**, 4157(2002).
79) A. Manchon, S. Pizzini, J. Vogel, V. Uhlir, L. Lombard, C. Ducruet, S. Auffret, B. Rodmacq, B. Dieny, M. Hochstasser and G. Panaccione, J. Appl. Phys., **103**, 07A912(2008).
80) K. Nakamura, T. Akiyama, T. Ito, M. Weinert and A. J. Freeman, Phys. Rev. B **81**, 220309(R)(2010).
81) S. Ikeda, K. Miura, H. Yamamoto et al., Nat. Mat. **9**, 721(2010).
82) C. Zener, Phys. Rev. **118**, 141(1960).

参 考 文 献

83) W. Pickett and D. Singh, Phys. Rev. B **53**, 1146(1996).
84) M. Brown, M. Bibes, A. Bathelemy et al., Appl. Phys. Lett., **82**, 233(2003).
85) J. M. De Teresa, A. Batherlemy, A. Fert et al., Science **286**, 507(1999).
86) J. M. De Teresa, A. Batherlemy, A. Fert et al., Phys. Rev. Lett., **82**, 4288(1999).
87) 例えば, J. P. Hong, S. B. Lee, Y. W. Jun et al., Appl. Phys. Lett., **83**, 1590 (2003).
88) T. Kado, Appl. Phys. Lett., **92**, 092502(2008).
89) F. Greullet, E. Snoeck, C. Tiusan et al., Appl. Phys. Lett., **92**, 053508(2008).
90) S. P. Lewis, P. B. Allen and T. Sasaki, Phys. Rev. B **55**, 10253(1997).
91) J. S. Parker, S. M. Watts, P. G. Ivanof and P. Xiong, Phys. Rev. Lett., **88**, 196601 (2002).
92) G. X. Miao, P. LeClair, A. Gupta et al., Appl. Phys. Lett., **89**, 022511(2006).
93) F. S. Galasso, F. C. Douglas and R. J. Kasper, J. Chem. Phys., **44**, 1672(1966).
94) T. K. Mandal, C. Felser, M. Greenblatt and J. Kubler, Phys. Rev. B **78**, 134431 (2008).
95) K.-I. Kobayashi, T. Kimura, H. Sawada, K. Terakura and Y. Tokura, Nature, **395**, 677(1998).
96) M. Besse, V. Cros, A. Bathelemy et al., Europhys. Lett., **60**, 608(2002).
97) M. Besse, F. Pailloux, A. Bathermely and A. Fert, J. Cryst. Growth, **241**, 448 (2002).
98) M. Bibes, K. Bouzehouane, A. Bathelemy et al., Appl. Phys. Lett., **83**, 2629 (2003).
99) M. N. Kumar, P. Misra, R. K. Kotnala et al., J. Phys. D : Appl. Phys., **47**, 065006 (2014).
100) F. Heusler, W. Starck and E. Haupt, Verh. Dtsch. Phys. Ges., **5**, 220(1903).
101) I. Galanakis, P. Mavropoulos and P. Dederichs, J. Phys. D : Appl. Phys., **39**, 765 (2006).
102) C. T. Tanaka, J. Nowak and J. S. Moodera, J. Appl. Phys., **86**, 6239(1999).
103) J. A. Caballero, A. C. Reilly, Y. Hao, J. Bass, W. P. Pratt Jr., F. Petroff and J. R. Childress, J. Magn. Magn. Mater., **198-199**, 55(1999).
104) レビューとして, "Spintronics" edited by C. Felser and G. H. Fecher, Springer(2013).

105) I. Galanakis, P. H. Dederichs and N. Papanikolaou, Phys. Rev. B **66**, 174429 (2002).
106) H. C. Kandpal, G. H. Fecher, C. Ferser and G. Schonhence, Phys. Rev. B **73**, 094422(2006).
107) T. Nakatani, F. Furubayashi, H. Sukegawa, K. Inomata et al., J. Appl. Phys., **102**, 033916(2007).
108) K. Inomata, M. Wojcik, E. Jedryka, N. Ikeda and N. Tezuka, Phys. Rev. B **77**, 214425(2008).
109) M. Wojcik, E. Jedruka, H. Sukagawa, T. Nakatani and K. Inomata, Phys. Rev. B **85**, 100401(R)(2012).
110) W. H. Wang, E. Liu, K. Inomata et al., Phys. Rev. B **81**, 140402(R)(2010).
111) T. Kubota, S. Tsunegi, Y. Kota, M. Oogane, S. Mizukami, T. Miyazaki, H. Nagamine and Y. Ando, Appl. Phys. Lett., **94**, 122504(2009).
112) V. Kambersky, Can. J. Phys., **48**, 2906(1970).
113) S. Mizukami, D. Watanabe, M. Oogane, Y. Ando et al., J. Appl. Phys., **105**, 07D306(2009).
114) Y. Cui, J. Lu, S. Shafer et al., J. Appl. Phys., **116**, 073902(2014).
115) Y. Miura, K. Nagao and M. Shirai, Phys. Rev. B **69**, 144413(2004).
116) K. Inomata, S. Okamura, A. Miyazaki, M. Kikuchi, N. Tezuka, M. Wojcik and E. Jedryka, J. Phys. D : Appl. Phys., **39**, 816(2006).
117) T. Marukame, T. Ishikawa, K.-I. Matsuda, T. Uemura and M. Yamamoto, Appl. Phys. Lett., **88**, 262503(2006).
118) K. Inomata, N. Ikeda, N. Tezuka, R. Goto, S. Sugimoto, M. Wojcik and E. Jedryka, Sci. Technol. Adv. Mater., **9**, 01400(2008).
119) Y. Sakuraba, K. Takanashi, K. Kota, T. Kubota, M. Oogane, A. Sakuma and Y. Ando, Phys. Rev. B **81**, 14422(2010).
120) H-Xi Liu, T. Kawami, K. Moges, T. Uemura, M. Yamamoto, F. Shi and P. M. Voyles, J. Phys. D **48**, 164001(2015).
121) W. H. Wang, H. Sukegawa, R. Shan, T. Furubayashi and K. Inomata, Appl. Phys. Lett., **92**, 221912(2008).
122) W. H. Wang, H. Sukegawa and K. Inomata, Phys. Rev. B **82**, 092402(2010).
123) N. Tezuka, N. Ikeda, F. Mitsuhashi and S. Sugimoto, Appl. Phys. Lett., **94**,

162504(2009).

124) Y. Sakuraba, T. Miyakoshi, M. Oogane, Y. Ando et al., Appl. Phys. Lett., **88**, 192508(2006).
125) M. Yamamoto, T. Ishikawa, T. Taira, F. F. Li, K. I. Matsuda and T. Uemura, J. Phys.: Condens. Matter, **22**, 164212(2010).
126) H-X. Liu, Y. Honda, T. Taira et al., Appl. Phys. Lett., **101**, 132418(2012).
127) S. Picozzi, A. Continenza and A. Freeman, Phys. Rev. B **69**, 094423(2004).
128) T. Ishikawa, T. Marukame, T. Kjima, M. Yamamoto et al., Appl. Phys. Lett., **89**, 192505(2006).
129) A. Sakuma, Y. Toga and H. Tsuchimura, J. Appl. Phys., **105**, 07C910(2009).
130) T. Scheike, H. Sukegawa, K. Inomata, T. Ohkubo, K. Hono and S. Mitani, Appl. Phys. Express, **9**, 053004(2016).
131) W. H. Wang, H. Sukegawa and K. Inomata, Appl. Phys. Express, **3**, 093002(2010).
132) Z. C. Wen, H. Sukegawa, S. Mitani and K. Inomata., Appl. Phys. Lett., **98**, 242507(2011).
133) Z. C. Wen, H. Sukegawa, S. Kasai, M. Hayashi, S. Mitani and K. Inomata, Appl. Phys. Express, **5**, 063003(2012).
134) Z. C. Wen, H. Sukegawa, T. Furubayashi, J. Koo, K. Inomata, S. Mitani, J. P. Hadorn, T. Ohkubo and K. Hono, Adv. Materials, **26**, 6483(2014).
135) J. Okabayashi, H. Sukegawa, Z. C. When, K. Inomata and S. Mitani, Appl. Phys. Lett., **103**, 102402(2013).
136) J. C. Slonczewski, Phys. Rev. B **71**, 024411(2005).
137) R. H. Koch, J. A. Katine and J. Z. Sun, Phys. Rev. Lett., **92**, 088302(2004).
138) M. Pakara, Y. Huai, T. Valet, Y. Ding and Z. Diao, J. Appl. Phys., **98**, 056107(2005).
139) J. Z. Sun, Phys. Rev. B **62**, 580(2000).
140) H. Sukegawa, Z. C. Wen, K. Kondou, S. Kasai, S. Mitani and K. Inomata, Appl. Phys. Lett., **100**, 182403(2012).
141) K. Yamada, K. Oomaru, S. Nakamura, T. Sato and Y. Nakatani, Appl. Phys. Lett., **106**, 042402(2015).
142) レビューとして，小野輝男，応用物理，**78**, 650(2009).

143) Y. Shiota, T. Maruyama, T. Nozaki, T. Shinjo, M. Shitaishi and Y. Suzuki, Appl. Phys. Express, **2**, 063001(2009).
144) M. K. Niranjan, C. G. Duan, S. S. Jaswal and E. Y. Tsymbal, Appl. Phys. Lett., **96**, 222504(2010).
145) Y. Shiota, S. Murakami, F. Bonell, T. Nozaki, T. Shinjo and Y. Suzuki, Appl. Phys. Express, **4**, 043005(2011).
146) W. G. Wang, M. Li, S. Hageman and C. L. Chien, Nat. Mat., **11**, 63(2012).
147) Y. Shiota, T. Nozaki, F. Bonell, S. Murakami, T. Shinjo and Y. Suzuki, Nat. Mat., **11**, 39(2012).
148) S. Kanai, M. Yamanouchi, S. Ikeda, N. Nakatani et al., Appl. Phys. Lett., **101**, 122403(2012).
149) Ki-S. Lee, S-W. Lee, B-C. Min and K-J. Lee, Appl. Phys. Lett., **102**, 112410(2013).
150) J. C. Sankey, Y-T. Cui, J. Z. Sun, J. C. Slonczewski, R. A. Burman and D. C. Ralph, Nat. Phys., **4**, 67(2008).
151) L. Liu, C-F. Pai, Y. Li, H. W. Tseng, D. C. Ralph and R. A. Burman, Science, **336**, 555(2012).
152) Q. Hao, W. Chen and G. Xiao, Appl. Phys. Lett., **102**, 112410(2013).
153) M. Cubukcu, O. Boulle, M. Drouard et al., Appl. Phys. Lett., **104**, 042406(2014).
154) U. H. Pi, K. W. Kim, J. Y. Bae et al., Appl. Phys. Lett., **97**, 162507(2010).
155) A. Manchon and S. Zhang, Phys. Rev. B **78**, 212405(2008).
156) I. M. Miron, G. Gaudin, S. Auffret, B. Rodmacq et al., Nat. Mat., **9**, 230(2010).
157) I. M. Miron, K. Garello, G. Gaudin et al., Nature, **476**, 189(2011).
158) C. Zhang, S. Fukami, H. Sato, F. Matsukura and H. Ohno, Appl. Phys. Lett., **107**, 012401(2015).
159) Y. Shiroishi, まぐね(日本磁気学会誌), **5**, 312(2010).
160) J.-G. Zhu, X. Zhu and Y. Tang, IEEE Trans. Magn., **44**, 125(2008).
161) M. J. Carey, S. Maat, S. Chandrashekariaih et al., J. Appl. Phys., **109**, 093912(2011).
162) J.-G. Zhu and X. Zhu, IEEE, Trans. Magn. **40**, 1828(2004).
163) Ye Du, T. Furubayashi, T. T. Sasaki et al., Appl. Phys. Lett., **107**, 112405(2015).

164) T. M. Nakatani, T. Furubayashi, K. Kasai et al., Appl. Phys. Lett., **96**, 212501 (2010).
165) Y. Sakuraba, K. Izumi, T. Iwase et al., Phys. Rev. B **82**, 094444 (2010).
166) www.everspin.com/pdf/ST-MRAM presentation. pdf, N. D. Rizzo et al., IEEE Trans. Magn., **49**, 4441 (2013).
167) M. Gajek, J. J. Nowak, J. Z. Sun et al., Appl. Phys. Lett., **100**, 132408 (2012).
168) 猪俣浩一郎 編著,「不揮発性磁気メモリMRAM」, 工業調査会 (2005).
169) T. Nagahama, T. S. Santos and J. S. Moodera, Phys. Rev. Lett., **99**, 016602 (2007).
170) A. V. Ramos, T. S. Santos, G. X. Miao, M.-J. Guittet, J.-B. Moussy and J. S. Moodera, Phys. Rev. B **78**, 180402(R) (2008).
171) Y. K. Takahashi, S. Kasai, T. Furubayashi, S. Mitani, K. Inomata and K. Hono, Appl. Phys. Lett., Appl. Phys. Lett., **96**, 072512 (2010).
172) T. Nozaki, N. Tezuka and K. Inomata, Phys. Rev. Lett., **96**, 027208 (2006).
173) T. Niizeki, N. Tezuka and K. Inomata, Phys. Rev. Lett., **100**, 047208 (2008).
174) B. S. Tao, H. X. Yang, Y. L. Zuo et al., Phys. Rev. Lett., **115**, 157204 (2015).
175) A. Fert and H. Jafferes, Phys. Rev. B **64**, 184420 (2001).
176) F. J. Jedema, H. B. Heersch, A. Filip, J. J. A. Baselmans and B. J. Van Wees, Nature, **410**, 345 (2001), **416**, 713 (2002).
177) S. P. Dash, S. Sharma, J. C. Le Breton, J. Peiro et al., Phys. Rev. B **84**, 054410 (2011).
178) T. Uemura, K. Kondo, J. Fujisawa, K.-I. Matsuda and M. Yamatoto, Appl. Phys. Lett., **101**, 132411 (2012).
179) S. P. Dash, S. Sharma, R. S. Patel, M. P. De Jong and R. Jansen, Nature, **462**, 491 (2009).
180) T. Suzuki, T. Sasaki, T. Oikawa, M. Shiraishi, Y. Suzuki and K. Noguchi, Appl. Phys. Express, **4**, 023003 (2011).
181) O. M. J. van't Erve, A. Hanbicki, H. Holub et al., Appl. Phys. Lett., **91**, 212109 (2007).
182) I. Appelbaum, B. Huang and D. Monsma, Nature, **447**, 295 (2007).
183) R. Jansen, Semicond. Sci. Technol., **27**, 083001 (2012).
184) S. Sugahara and M. Tanaka, ACM Trans. on Storage, **2**, 197 (2006).

185) K. Uchida, S. Takahashi, K. Harii et al., Nature, **455**, 778(2008).
186) K. Uchida, J. Xiao, H. Adachi et al., Nat. Mat., **9**, 894(2010).
187) Y. Kajiwara, K. Harii, S. Takahashi et al., Nature, **464**, 262(2010).
188) K. Uchida, H. Adachi, T. Ota, H. Nakayama, S. Maekawa and E. Saitoh, Appl. Phys. Lett., **97**, 172505(2010).
189) T. An, K. Yamaguchi, K. Uchida and E. Saitoh, Appl. Phys. Lett., **103**, 052410 (2013).
190) J. Filipse, F. K. Dejene, D. Wagenaar, G. E. W. Bauer et al., Phys. Rev. Lett., **113**, 027601(2014).
191) G. E. W. Bauer, E. Saitoh and B. J. van Wees, Nat. Mat., **11**, 391(2012).

索　引

あ
(In, Mn)As……………………10
アスペクト比……………………131
アンチサイト……………106, 121
アンドレーエフ反射………………47

い
異常ホール効果…………………39
位相シフト………………………179
異方性磁気抵抗(AMR)効果………36, 37
インバース TMR…………………91

え
AMR ヘッド……………………154
A2 構造…………………………99
Sr_2FeMoO_6(SFMO)……………95
s-d 交換相互作用………………151
STT-MRAM……………………162
STT スイッチング………………135
SRAM……………………160, 172
X 線磁気円二色性(XMCD)……95, 128
NiMnSb……………………………97
エネルギーバンド…………………19
FeRAM……………………………161
MgO バリア………………………73
MRAM：
　magnetoresistive random access
　memory……………………6, 160
$La_{0.7}Sr_{0.3}MnO_3$(LSMO)……………90
$L2_1$ 型立方晶………………………98

お
オフセット磁場……………………60

か
界面散乱……………………64, 159
界面磁気異方性……………………84
化学ポテンシャル…………………43

き
拡散(diffusive)伝導………………36
核磁気共鳴(NMR)………………103
ガルバノマグネティック効果………2
緩和時間……………………………36

き
擬スピンバルブ(PSV)……………59
軌道角運動量………………………16
軌道の消滅…………………………17
逆スピンホール(inverse spin-Hall)効果
　……………………………49, 185
逆ハンル(inverted Hanle)効果……174
キュリー点…………………………14
強磁性………………………………13
強磁性共鳴…………………………32
強磁性細線………………………140
強磁性絶縁体……………………167
強磁性体……………………………13
強磁性トンネル接合……………4, 65
強磁性 2 重トンネル接合………169
鏡面(スペキュラー)反射…………60
巨大磁気抵抗(GMR)効果………53
ギルバート(Gilbert)ダンピング定数
　………………………32, 33, 109, 133
記録ヘッド………………………154

く
グラニュラー合金…………………58

け
形状磁気異方性…………………131
結晶電場…………………………141

こ
交換磁場……………………………59
交換スティフネス定数…………28, 73
交換相互作用……………………18, 27
交換分裂…………………………167

索引

交換ポテンシャル····················56
格子ミスフィット····················80
コヒーレントトンネル効果·········73,112
コンダクタンス·······················40
　　　伝達——·······················179
　　　トンネル——···················65
　　　微分——························71

さ

歳差運動··························31,145
散漫散乱トンネル (diffusive tunneling)····65
残留磁化······························27

し

CrO$_2$······························94
CIP-GMR······························61
g 因子······························17
(Ga, Mn)As····························10
GMR··································53
　　　CIP-——·························61
　　　——ヘッド······················155
　　　CPP-——·························61
CoFeB································76
Co$_2$FeAl(CFA)··············108,112,136
Co$_2$FeAl$_{0.5}$Si$_{0.5}$(CFAS)····114,158
Co$_2$FeSi(CFS)·······················105
Co$_2$MnSi(CMS)·······················121
Co$_2$Mn$_{0.89}$Fe$_{0.14}$Si(CMFS)····122
Co$_2$Cr$_{0.6}$Fe$_{0.4}$Al(CCFA)····8,111
CPP(current perpendicular to plane)-GMR
····································61
磁化··································15
　　　残留——·························27
　　　——回転·························30
　　　——曲線·························13
　　　——困難軸························24
　　　——容易軸························24
　　　自発——·························15
磁気異方性····························24
　　　界面——·························84
　　　形状——························131
　　　垂直——·························84
磁気ディスク··························154
磁気電流比························172,179
磁気ヘッド····························153
磁気モーメント························14
磁区··································15
磁性半導体·························9,168
磁束密度······························14
磁場··································13
自発磁化······························15
磁壁··································27
　　　——移動·····················29,141
　　　——の厚さ·······················28
　　　——のエネルギー·················28
Simmons の式·························69
ジャイロ磁気定数······················32
Julliere の式·························66
常磁性································21
状態密度···························20,55
ショットキーバリア···················173
真空透磁率····························14

す

垂直磁化トンネル接合············84,87,127
垂直磁化膜····························136
垂直磁気異方性························84
垂直磁気記録·························155
スイッチング確率·····················135
スイッチング磁場·····················131
スケーリング·························132
スピネルバリア····················80,123
スピン依存散乱························56
スピン依存バルク散乱·················159
スピンエコー法·······················104
スピン角運動量························16
スピン拡散長··················41,176,177
スピンカロリトロニクス···············183
スピン緩和時間························41
スピン緩和率·························177
スピン軌道相互作用···········25,49,141
スピン共鳴トンネル···················169

索　引

す

スピンゼーベック効果·····················183
スピン蓄積·························43,173
スピン注入·························43,176
　　——効率··························138,148
　　——磁化反転························133
スピン抵抗···························44,148
スピン伝導······························3
スピントランジスタ···················10,172
スピントランスファトルク·················48
スピン波······························18
　　——スピン流························184
スピンバルブ(SV)························59
スピン非対称係数························64
スピンフィルタ·························167
　　——効果····························60
スピン FET····························177
スピンフリップ·························41
スピン分極率···························22
スピンペルチェ効果·····················186
スピン偏極電流·························43
スピンホール角·····················50,147
スピンホール(spin-Hall)効果·········49,147
スピンポンピング·····················50,51
スピン MOSFET·······················179
スピン流······························43
スレーター–ポーリング曲線············23,100

せ

正常(normal)磁気抵抗効果················37
正常ホール効果······················37,38
正スピネル構造·························82
ゼーベック効果························183
ゼロバイアスアノマリー··················72
線密度·······························153

た

単磁区·······························131
弾道(ballistic)伝導······················36
ダンピング定数·························32

ち

秩序パラメータ························102
超常磁性······························30

て

抵抗変化率····························53
DRAM····························160,172
δドーピング···························173
電気伝導度····························35
電子スピン共鳴························32
伝達コンダクタンス····················179
電場誘起磁化反転······················144
電流磁場·····························131

と

ドゥルーデ(Drude)の式··················35
トラック密度··························154
トンネルコンダクタンス·················65
トンネル磁気抵抗······················65
　　——効果····························65
　　——比······························4
トンネルスピン分極率···················67
トンネル伝導··························40

な

内部磁場·····························104

に

2次元電子ガス(2DEG)··················177
2重ペロブスカイト······················95
二流体模型························3,41,57

ね

熱安定化因子······················135,163

は

ハードディスクドライブ(HDD)······153,172
ハーフホイスラー合金···················97
ハーフメタル····················7,23,75,89
バリスティック伝導····················134
バルク散乱····························64

Valet-Fert モデル ················63,160
反転対称性 ······························150
半導体スピントロニクス ············9,171
バンドの折りたたみ効果 ················83
バンド分散関係 ··························108
ハンル(Hanle)効果 ··················1,173

ひ
B2 構造 ····································99
非局所法 ·····························44,174
ヒステリシス曲線 ·······················27
非弾性散乱 ································71

ふ
ファウラー–ノードハイム
　(Fowler-Nordheim) ············168
Verwey 転移 ·····························93
フェルミ速度 ·····························36
フェルミ波長 ·····························36
フラッシュメモリ ······················172
フルホイスラー合金 ················98,157
ブロッホ(Bloch)の式 ···················19
フントの法則 ·····························16

へ
平均自由行程(mean free path) ·······36
並列回路 ····································57
ペルチェ効果 ····························186
ペロブスカイト構造 ······················90

ほ
ポイントコンタクトアンドレーエフ反射
　(PCAR) ······························46
飽和磁化 ····································13
ボーア磁子 ································17
ホール係数 ································39
ホール電圧 ································39
保磁力 ······································27

ま
マグネタイト ·····························93
マグノン ····································18

め
面記録密度 ······························153

よ
陽イオン不規則構造 ······················83
読み出しヘッド ························154

ら
ラシュバ効果 ·······················51,150
ランダウ–リフシッツ–ギルバート(LLG)
　··31

り
量子井戸 ····························54,169
量子干渉効果 ·····························54

る
ルチル構造 ································94

わ
$Y_3Fe_5O_{12}$(YIG) ·····························186

材料学シリーズ　監修者

薫山昌則　　　　　小川恵一　　　　　北田正弘
東京大学名誉教授　元横浜市立大学学長　東京芸術大学名誉教授
　　　　　　　　　東京大学名誉教授　　Ph. D.
　　　　　　　　　Ph. D., 工学博士　　工学博士

著者略歴　宮信一郎（みやのぶ しんいちろう）

1942年　　神奈川に生まれる
1970年　　東京都立大学大学院理学研究科修了（理学博士）
1970年　　東京芝浦電気（株）総合研究所入社
1996年　　(株)東芝研究開発センター首席技監
2000年　　東北大学大学院工学研究科教授
　　　　　多元物質科学研究所
2006年　　国立研究開発法人物質・材料研究機構フェロー
2009年　　同　名誉フェロー
現　在　　公益財団法人電磁材料研究所評議員

著書　不揮発性磁気メモリ MRAM（編著），工業調査会（2005）
　　　Giant Magneto-Resistance Devices（共著），Springer（2001）

材料学シリーズ

スピントロニクス入門
物理現象からデバイスまで

著者 © 宮信一郎

発行者　内田　学　　　印刷者　山岡嘉仁

2017 年 3 月 15 日　第 1 版発行

検印省略

発行所　株式会社　内田老鶴圃　〒112-0012 東京都文京区大塚 3 丁目 34 番 3 号
電話 (03) 3945-6781(代)・FAX (03) 3945-6782
http://www.rokakuho.co.jp/
印刷・製本／三美印刷 K.K.

Published by UCHIDA ROKAKUHO PUBLISHING CO., LTD.
3-34-3 Otsuka, Bunkyo-ku, Tokyo, Japan
(U. R. No. 632-1

ISBN 978-4-7536-5645-5 C3042

本体価格は税別の本体価格です。　　　　　　　　　　　　　　　　http://www.rokakuho.co.jp/

強相関固体物質の基礎 図子・分子から固体へ
藤森 淳著　A5・268頁・本体 3800円

固体の磁性 はじめて学ぶ磁性物理
Stephen Blundell著/中村裕之訳　A5・336頁・本体 4600円

磁性入門 スピンから磁性まで
宮原 慎孝・長谷川 彰 共著　A5・272頁・本体 5700円

遍歴磁性をどこから見るか
前橋 英明・大西 洋共著　A5・272頁・本体 5700円

磁性入門 新材料設計のための
高梨 弘毅著　A5・160頁・本体 2800円

材料科学者のための固体物理学入門
福地 正幸著　A5・180頁・本体 2800円

固体電子論　上
米沢富美子著　A5・276頁・本体 3200円

材料科学者のための電磁気学入門
福地 正幸著　A5・200頁・本体 3200円

固体電子論　下
米沢富美子著　A5・272頁・本体 3500円

材料科学者のための量子力学入門
福地 正幸著　A5・240頁・本体 3200円

ヒューム・ロザリー電子濃度則の物理学
水野 章二郎著　FLAPW-Fourier 理論による重い電子機能材料研究

材料科学者のための統計力学入門
福地 正幸著　A5・144頁・本体 2400円

磁性電子論の基礎 初学者のための
米沢富美子・江口徹弥 共著　A5・160頁・本体 2500円

共鳴磁気気体の測定法の基礎と応用
磁気共鳴分光法からスピントロニクス、MRI、計算機支援化学まで
柏谷 尚弘著　A5・136頁・本体 2300円

電子線ナノイメージング
汎分極能 TEM と STEM による世界
田中 信夫著　A5・264頁・本体 4000円

固体電子構造論
密度汎関数理論から電子相関まで
北澤 宏明著　A5・280頁・本体 4300円

クラスター・ナノ粒子・薄膜の基礎
北沢 宏明、横林、電子、磁気輸送特性

固体の電子構造と磁性
光電子分光から第一原理計算まで
内田 慎一著　A5・248頁・本体 4200円

機能材料としてのホイスラー合金
梅山 武久 編著　A5・320頁・本体 4300円

シリコン未満体 その物性とデバイスの基礎
日本 結晶学著　A5・176頁・本体 3500円

各種のフェラマイト磁性と形状反応材料
戸本 武著　A5・320頁・本体 5700円

未満体材料工学 材料エンジニアとなるために
大村 仁著　A5・280頁・本体 3800円

構造から学ぶ構造物磁性材料学
森井 貞敬・楠瀬 雄史・柚木 亮共著　A5・216頁・本体 3500円

遷移金属酸化物・化合物の結晶構造と磁性
佐藤 正志著　A5・268頁・本体 4500円

新入門　初級磁気測定学
北川 正弘著　A5・292頁・本体 3800円

遷移金属属のバンド理論
小口 多美夫著　A5・136頁・本体 3000円

磁気の相図学
坂本 正人著　A5・304頁・本体 3800円

バンド理論 物質科学の基礎として
小口 多美夫著　A5・144頁・本体 2800円

材料における磁性 格子上のランダム・ウォーク
只野 誠一著　A5・212頁・本体 3500円

周期磁気化学の材料科学 固体への概念として
村上 雄太郎著　A5・264頁・本体 3800円

ポーラス材料学 多孔が創る新機能性材料
小嶋 光雄 編著　A5・288頁・本体 4600円

材料の溶融急冷 成膜、化学気相成長、積層化の最新
山本 寛編　A5・256頁・本体 4800円